超级自控力

有效管理自己的情绪和人生

张姣飞◎著

中国纺织出版社

内 容 提 要

自控力是一种心灵的力量，也经常被认为是一种美德。一个人只有学会控制自己的情绪、欲望，才能凝聚正能量做内心强大的自己。本书以独特的心理学方法为基础，从如何战胜坏情绪、掌控自己的欲望、及时释放压力、摆脱不良习惯及调整自己的心态等方面阐释了培养超级自控力，并结合生活实践，提供了具体有效的训练方法和提高途径，旨在帮助读者创造更好的交往、工作和生活环境，让自己更快地获得成功，收获幸福人生。

图书在版编目（CIP）数据

超级自控力：有效管理自己的情绪和人生／张姣飞著. --北京：中国纺织出版社，2016. 9 （2024.1重印）

ISBN 978-7-5180-2536-7

Ⅰ.①超… Ⅱ.①张… Ⅲ.①情绪—自我控制—通俗读物 Ⅳ.①B842.6-49

中国版本图书馆CIP数据核字（2016）第077174号

策划编辑：郝珊珊　　　　责任印制：储志伟

中国纺织出版社出版发行

地址：北京市朝阳区百子湾东里A407号楼　邮政编码：100124

销售电话：010—67004422　传真：010—87155801

http：//www.c-textilep.com

E-mail：faxing@c-textilep.com

中国纺织出版社天猫旗舰店

官方微博http：//weibo.com/2119887771

北京兰星球彩色印刷有限公司　　各地新华书店经销

2016年9月第1版　2024年1月第5次印刷

开本：710×1000　1/16　印张：15

字数：181千字　定价：48.00元

前言 PREFACE

关于自控力，一位美国心理学家说过一段发人深省的话：“一个有意于修炼自己并提升意志力的人，将会获得无比巨大的力量。这种力量不仅能完全控制一个人的精神世界，而且能使人的心理达到前所未有的高度。此时，一个人以前从未想过能拥有的智慧、天赋或能力都会变成现实。所以那些一直以来不为人们所发现的东西，其实就存在于人的自身，而自控力就是那把能够开启人的观察力和征服力的钥匙。”

对于自控力的重要性，很多人都有所感受，知道自控力会影响到一个人的身体健康、经济安全、人际关系和事业成败，也知道自己应该控制生活的方方面面，包括吃什么、买什么。可真正做起来的时候，真像想得那么容易吗？如果是的话，为何还有那么多的人觉得自己自控力太弱，还在懊恼自己错过了起床的时间而再次迟到？为何计划好的事情，总是因为自己的原因一推再推？为何总是因为心情不好而消极怠工……

所以，提高自控力的关键，不在于明白它有多重要，而在于明白自己为何会失控以及看待失控的态度和采取的方法。意识到自己的失控，并不意味着你就是一个自控力差的人。恰恰相反，这意味你同时也急切地想摆脱这种糟糕的状态，并愿意为此付出行动。而那些对自己的失控表现习以为常或者找各种借口自我安慰的人，才是真正自控力差的人。

生活中的诱惑是无处不在的，并不是简单地回避就可以解决的。很多时候，我们越想回避，内心的欲望反而会越强。这就是为什么自诩意志力强的人反而容易深陷在诱惑中不可自拔。对于这种现象，很多心理学家主张的做法是：“忠于自己内心的感受，但注意控制自己的行动。”如何来理解这句话呢？举个简单的例子，你为自己制订了一个完美的瘦身计划，可是眼前摆放着一块十分美味的蛋糕让你的意志力开始动摇。你是故意让自己不去看它，强迫自己忘掉它的存在，还是看着它，暗示自己：这块蛋糕看起来确实很吸引人，但是我一定能克制自己？显然，后者比前者能产生更好的自我控制的效果。所以，看待诱惑的态度很重要，强迫自己逃避不如坦然接受，与其自欺欺人，不如承认诱惑确实很吸引人，然后在行动上给予自己积极的暗示和控制，这样反而能收到预期的效果。

不过，超级自控力的养成是一个长期的过程，不是说说就能够做到的，需要找到正确的方法，坚持不断地锻炼和提升才能获得。为了帮助广大读者系统地了解与提升自己的自控力，我们特奉上这本《超级自控力：有效管理自己的情绪和人生》。全书共分为三个部分：第一部分，重在阐释自控力的内涵，分析影响自控力的因素，指出自控力对我们工作和生活的影响，告诉大家该如何看待自控力以及如何提高意志力等，帮助读者全面、深刻地认识自控力；第二部分则侧重于修炼超级自控力的方法，从战胜坏情绪、抵制诱惑、缓解压力、培养好习惯、克服拖延症以及掌握人生宽心术六个方面来进行讲述，以帮助不同类型的读者提升自控力；第三个部分为自控力的实践，教大家在人际交往、职场历练和婚恋交往中把控好自己，为自己创造更好的交往、工作和生活环境，帮助自己更快地获得成功，收获幸福。

全书内容丰富，分析精辟，观点新颖深刻，选用了许多有趣的心理学实验，以及许多生活中习以为常却又总是被人们忽略的心理学事例，用通俗易懂的语言深入浅出地进行阐述，并提出了许多切实可行的建议。此外，全书在每个小节后还附有与自控力相关的测试题。建议大家在阅读每节正文前，先做一下测试题，以便对自己的自控能力有个清晰的认识。这样，在提升自控力时就能做到有的放矢，事半功倍。

最后，衷心希望这本书能够获得读者的喜欢，并通过它影响和帮助到更多的人。尽管编者对书中的内容、案例力求精益求精，但难免有疏漏之处。如有错谬之处，敬请批评指正！

张姣飞

2016年3月

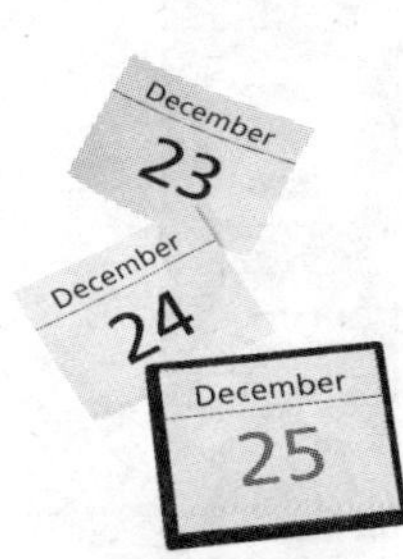

CONTENTS

目录 Contents

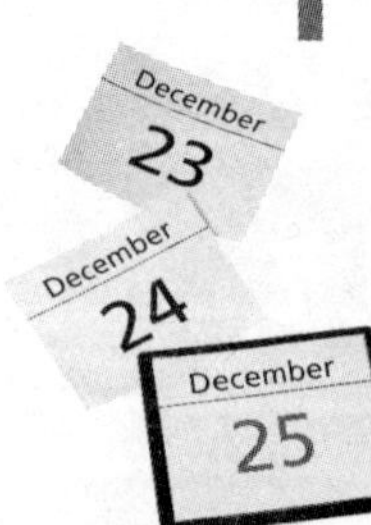

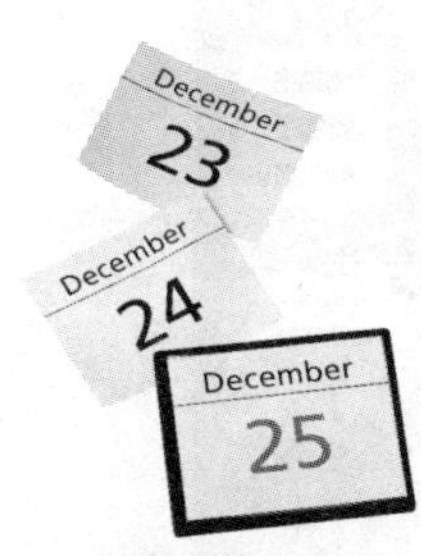

CONTENTS

目录 Contents

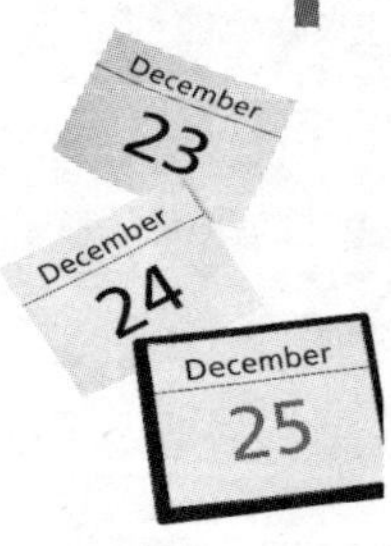

第一部分　自控力为何物

第一节 究竟是谁在控制你

001 什么是自控力

生活中，每个人都想成功，而且人人都知道，要想成功必须要有热情，要朝着目标坚持不懈地努力。“世上无难事，只怕有心人”“只要功夫深，铁杵磨成针”都告诉我们成功需要坚持不懈，可是我们在朝着理想的道路前进时，经常会状况百出，出现诸多人力难以控制的意外，这些意外状况使得我们宏伟的目标不得不延迟甚至是搁浅。那么，究其原因在哪里呢？是我们不够努力吗？不是。是没有远大的目标吗？也不是。问题就在于我们当中的很多人缺乏强大的自我控制的能力，也就是自控力。

自控力，顾名思义是指一个人自我控制的能力，是一个人为了完成某项任务而自觉地抑制那些不符合既定目标的愿望、动机、行为和情绪的能力。拥有较强自控力的人，通常能够把握好自己，无论何时都知道自己该做什么，不该做什么，总是能够有条不紊地处理事情，循序渐进地把事情做好；而缺乏自控力的人往往很难成大事，他们做事常跟着感觉走，想到哪里做到哪里，很少考虑这样做的后果，结果只能在岁月中蹉跎到老，一生碌碌无为。

非洲坦干伊克湖附近栖息着一群红狐。红狐为了捕获湖里的野鸭子，常常连续多天潜伏在沼泽地里等待时机。它们看起来十分有耐心，总会在等待数天后瞅准时机悄无声息地绕到鸭子身后准备美餐一顿。当鸭子受惊或者无意走开时，红狐就用舌头舔一下嘴唇，然后失望地返回原处继续等待。它们每天都要经历十几次甚至几十次这样的无功而返，但它们并不灰心，也没有绝望地放弃，一连好几天，直到野鸭子一时疏忽，被它们捕到为止。

红狐之所以能够坚持，并不能说明它们拥有多强的自控力，更多的是在漫长地食物捕获中形成的一种本能罢了。但是，如果说动物都能为了达到某种目的而控制自己的行为，作为有思想的人来说，不是更应该懂得驾驭自己吗？

说到驾驭自己，大多数人的头脑里，首先想到的就是抵制诱惑，比如抵制美食的诱惑、香烟的诱惑、打折促销的诱惑，或者是美色的诱惑等。在各式各样的诱惑面前，能够岿然不动的人才是自控能力强的人，也是能获得成功的人。

美国斯坦福大学曾做过这样一项关于自控力的著名实验——糖果实验。实验的组织者是一位心理学家，名叫瓦特·米加尔，而实验对象则是斯坦福大学附属幼儿园的孩子，这次实验一直追踪到这些孩子高中毕业。

实验时，瓦特·米加尔将一群4岁的孩子留在一个房间里，给他们每人一颗糖，并告诉他们："我有事情要出去一会儿，你们可以马上将糖吃掉，也可以等到我回来后再吃，那样的话，你们可以再得到两颗糖。"瓦特观察孩子们的反应，发现有的孩子迫不及待地剥开糖纸，吃掉了那颗糖；有的孩子看上去有些犹豫，但最终还是禁不住诱惑，也将糖吃掉了；剩下的那部分孩子虽然也很想马上吃糖，但他们还是想尽各种办法让自己坚持下来，比如闭上眼睛不去看诱人的糖果、将脑袋埋进手臂里、自言自语地玩弄手指等。20分钟后，那些坚持下来的孩子如愿地得到了另外两颗糖。

实验结束后，瓦特·米加尔对这些受试的孩子进行了长达14年的追踪。他发现，到了中学阶段，孩子们的差异已经表现得很明显了。那些马上吃掉糖的孩子个性上常表现出一些负面特征，比如说，个性冲动、固执、优柔寡断，在困难面前容易逃避、退缩和不知所措，对于生活中的其他诱惑也常常无法拒绝；而那些坚持到最后才吃糖的孩子，适应环境的能力更强，他们看起来更加自信，在压力和困难面前，不会轻易出现紧张、畏惧、逃避等情绪。他们在追求目标时，能够迎难而上，从不轻言放弃，在遇到其他诱惑时，也能像小时候一样，抵御眼前暂时的好处带来的享受，不会作出冲动的举动。

这个实验给我们的启示是：成功者通常都具有极强的自控力，他们不会为了一时的快乐或诱惑而伤害长远的幸福或利益；而失败者则往往缺乏自控力，沦为情绪的奴隶。可见，一个人能否成功，不完全取决于智商、受教育程度和勤奋程度，而是一个人在追寻理想抱负的过程中表现出的自我控制力。

正如本杰明·富兰克林所说：“我未曾见过一个自制、勤奋、谨慎、诚实的人抱怨命运不好；拥有良好品格、优良习惯、坚强的人，是不会被命运击败的。”的确如此，那些能够时刻保持自制的人，是自己的主人，他们的思想总是积极的，而状态又是充满理性的。能够时刻控制住自己的思想和行动，让他们看起来更加高大和有力量；而那些只在自己愿意，或者对某件事特别感兴趣时才能控制自己思想的人，一生很难有什么大的建树。真正的成功者，时刻都能让他的思维服从于他的意志力。这样的人，才能做自己的行为和情绪的主人，也只有这样的人才能突破万难，开拓出一片属于自己的天地。

002 是什么在影响着你的自控力

自控是一种力量，它使人头脑冷静、判断准确；自控也是一种为人处世的方式，可以用来指导人们的思想和行为。与自控力相伴的，应该是积极的行为，然而在我们身边，因缺乏自控力而表现消极的现象也是十分普遍的。比如说，很多人总是沉溺于琐碎的、无关紧要的事情当中；或者一遇到难题，就找借口拖延；或者随便乱发脾气，怨天尤人等。

心理学家调查发现，成绩落后，或者表现愚笨的孩子，通常自制能力都不强；而优秀的学生都有一个共同点，那就是自我管理的能力比较好。同样，工作表现优异的人，常常是那些善于控制自己情绪和言行的人；而表现平平的人，往往难以抵挡各种诱惑，自我约束能力也比较弱，他们很难从一而终、锲而不舍地完成某项带有挑战性的任务。

那么，人与人之间的自控力为什么会存在差异呢？换句话说，究竟是什么在影响着人的自控力呢？影响自控力的因素是多方面的，主要来自以下 3 个方面。

神经系统是否发育成熟

研究发现，神经系统的发育会直接影响人体自我控制的形成和发展，而其中大脑皮质对人的自控能力影响最大，人体的调节和控制能力会随着年龄的增长而逐渐增强。对于婴幼儿来讲，他们的大脑神经发育，特别是大脑皮质的抑制机能还很不成熟，所以他们常常表现得十分情绪化，时而发怒，时而大哭。但随着年龄的增长，其大脑皮质细胞及额叶等神经区域也在不断完善，他们大脑的兴奋过程和抑制过程也渐渐趋向平衡。此时，他们具备了一定的自控能力，知道自己该做什么，又不该做什么。

有一个事例可以证明大脑神经对人的自控力存在着较大的影响。

25岁的菲尼亚斯·盖奇是一名铁路领班工人，他意志力顽强，身体健壮，被认为“拥有钢铁般的意志力和体魄”。不管是亲人还是朋友，领班还是工友，都认为他很有能力，所以他颇受人们的尊重，是一个十分让人喜欢的人。

然而，很快一切都变了。一次，盖奇和工友们使用炸药清理拉特兰郡到伯灵顿铁路的某个路段时，炸药提前爆炸了。巨大的冲击波裹挟着一根钢筋插进了盖奇的头盖骨。钢筋从他的左脸刺入，穿过他前额皮质，落在了他身后30码远的地方。

工友们当时都吓呆了，心想盖奇这次恐怕是要横尸当场了。不过，奇迹发生了，盖奇竟然都没有昏过去，工友们急忙将他送往医院。医生对他进行了头盖骨复原手术，用头皮盖住伤口，并包扎好。两个月后，盖奇的身体差不多康复了，不久就重新开始了工作。盖奇说自己“哪里都挺好的”，一点都不疼了。

不过，很快工友们就发现了盖奇的不对劲。他的外伤虽然痊愈了，可是从此却性情大变。他经常粗鲁地侮辱别人，总想着控制别人。如果有人不顺从他，他会暴跳如雷地加以训斥。有人给他提意见，他也会表现得十分不耐烦。他的朋友和熟人都感叹：“他已经不是原来的盖奇了。”

这听上去似乎不可思议，然而盖奇身上钢铁般的意志就在那一瞬间被一根钢筋击碎了。盖奇的大脑神经由于受到冲击而失去了平衡，导致了他性情大变，无法控制自己的言行。

虽然大部人不会经历像盖奇那样离奇的遭遇，但大脑皮质也不像我们想象中的那么忠实、可靠。缺觉、醉酒、分心等都可能影响到它，使我们无法控制自己的冲动。有时候，即使是在头脑清醒、精力充沛的情况下，危险仍然存在。因为除了大脑皮质，还有很多因素同时也在发生着作用。

不同的气质类型

我们不难发现，人与人性情是不一样的。有的人脾气急躁，做事雷厉风行；有的人机敏灵活，做事讲究方式技巧；有的人天生慢性子，做事慢条斯理；有的人内心十分脆弱，经不起任何风浪。这种性格的差异就是我们常说的气质。心理学家认为，人的内在气质与人的情感、信心、意志力和韧性等心理素质息息相关。

心理学家将人的气质按照血液特征划分为 4 类：黏液质、胆汁质、抑郁质和多血质。这 4 种不同的气质类型具有不同的特点，其表现出来的自控能力也存在着很大的差异。

黏液质的人情绪比较稳定，冷静而踏实，喜欢沉思，考虑问题细致周到，能坚定不移地执行已作出的决定。缺点是个性过于内向，不够灵活，情绪兴奋性弱，反应速度缓慢，不容易适应新的工作和环境。

胆汁质的人性格外向，情绪兴奋性强，反应速度很快，意志力坚强，不怕挫折和困难。缺点是容易冲动且难以抑制，理解问题容易粗枝大叶，情感和情绪来得快去得也快。

抑郁质的人情绪体验深刻，但不易外露。心性十分敏感，能体察到一般人觉察不到的东西，观察事物细致入微。缺点是多愁善感，行动力缓慢，虽然兴奋性较强，但反应速度慢，缺少灵活性。

多血质的人则活泼好动，工作适应力强，讨人喜欢，交际能力较强，能很快接受新事物，但容易表现出见异思迁的一面。这类人的情感和情绪发生迅速，且常常表现在脸上。

这四种气质类型中，就自我控制能力来讲，黏液质的人最善于克制自己，自我控制能力最强，其次是抑郁质和多血质，而胆汁质的人由于多动、好斗，自制能力通常要低于其他3种气质类型的人。

认知的发展水平

一个人对某件事物的认知水平，会对他的心理状态产生影响。在受到相同的外界刺激的情况下，不同的人会产生不同的心理体验和情绪反应，这很大程度上与人的认知有关。

举个很浅显的例子，小孩们普遍对新闻、访谈类的电视节目不感兴趣，枯燥的内容讲解和人物对话很难吸引他们的注意力，而色彩丰富、情节简单的动画片更符合他们的认知水平，所以他们喜欢看。相反，大人们看动画片则会被人置疑为弱智，而新闻、访谈等看似枯燥但信息集中的节目，更符合他们的认识水平。

人的自控力强弱一定程度上也与认识水平有关。同样一件事，有的人认为应该去做或者值得去做，那么，他会自觉地抑制一些不合理的想法和行动，集中注意力去做这件事；如果他认为这件事无关紧要，即便决定去做，在执行过程中，也很可能会被其他更“诱人”的事物吸引。

绝大多数消极的心理反应都与不合理的认知有关，比如悲观、抑郁、暴躁、焦虑等。之所以会出现这样的反应，主要缘于对事情没有树立正确的认识。所以，了解一些认知理论的观点，掌握部分认知调适技术，对于克服不合理认知，提高认知水平和自我控制能力，是非常有必要的。

003　为什么你的生活总是一团糟

仔细观察，我们不难发现，自控力影响着我们生活的方方面面。比如说，早上听到闹铃响了，你有可能还想继续睡下去，可理智告诉自己，赶快起床，要不然上班就会迟到；坐在餐桌前，本打算减肥的你，面对一堆美食，内心很可能十分纠结，是痛快地美餐一顿呢，还是继续克制自己？最终，理智占了上风，你选择了利于瘦身的食物；工作时，你也可能很想放松一下，玩玩游戏，上网聊聊天、购购物，但一想到还有很多工作没做完时，于是咬咬牙，放弃了不切实际的想法，埋头于工作中；到了晚上该睡觉了，你可能还想看一场球赛直播，此时你的意志力又跳出来提醒你，早点睡觉，要不然明天就成了“熊猫眼”……

这些看似平常不过的小事情，都与我们的意志力有关。如果你的自控力够强，那么，你的生活将会被安排得井井有条，你也会更积极健康；相反，如果你的意志力不够坚定，任由自己放纵，轻易地就屈服于各种欲望中，那么，你的生活将会变得一团糟：上班总是迟到，工作老是出错，体重噌噌地往上长，总是无精打采……

可见，一个人的自控力如何，会很大程度地影响他的生活质量。那么，自控力具体会对人的生活产生哪些方面的影响呢？心理学家们为了搞清楚这个问题，曾进行了一项规模宏大的调查研究活动。

这项研究在新西兰进行，新西兰当地的1000名儿童成了受试者。实验者从这1000名儿童出生时开始，对他们的自制力及其生活质量进行追踪调查，这项调查一直延续到被试满32岁为止。为确保数据的可靠性，实验者除了收集受试者的资料，还广泛征取了孩子的父母、教师的观察和报告，以此来评定这些受试者的自制力水平。与此同时，实验者还注意考察他们在其他方面的表现，比如说，健康状况、经济状况、家庭状况等。

实验结束后，实验者对收集的庞大数据进行了分析比对，发现自制力较差的人，生活相对糟糕。比如说，自制力差的受试者身体相对要差一些，他们患肥胖症、传染性病症、牙科疾病等的概率更高。这是因为自制力差的人往往不愿意健康饮食，也很少坚持每天刷牙，注意口腔清洁。此外，这部分人中还有不少存在着抽烟、酗酒、吸毒等问题；在经济状况上，自制力差的人经济收入也较低，他们拥有的存款较少，拥有的房产和养老金的比率也相对较低；在家庭状况方面，自制力较差者的家庭生活也往往不尽如人意，他们很难维持一段长期稳定的婚姻关系，有不少成了单亲父母；更严重的是，自制力差者的犯罪率也较高，数据显示自制力最强的一组和自制力最差的那组，犯罪率分别是40%和12%。可见，自制力差的人生活将会变得十分糟糕。

但凡能干出一番成就的人，都是懂得自控的人，一旦意识到自己正在被某些不良的生活习惯“控制”时，就会坚决地予以纠正。

大富豪保罗·盖蒂曾是个“大烟鬼”，烟瘾特别大。有一次，他开车经过法国，忽然下起了大雨，眼看着天快黑了，开了好几个小时车的保罗决定找个小旅馆过夜休息。

半夜时，保罗的烟瘾犯了，他扭开灯，打算找支烟抽，却发现放在桌上的烟盒是空的。他下了床，摸摸上衣口袋，一无所获。他又打开了行李袋，结果也让他大失所望。此时，商店、酒吧、旅馆都已经关门了。要想买烟，只能穿过几条街，去火车站买，而此时他的车正停在距旅馆有一段距离的车房里。

保罗自然地拿起了外套，正准备下楼时，忽然停住了脚步，问自己：“我这是在干什么？”我是一个成功的商人，一个一向以理智著称的人，竟然在三更半夜，冒着大雨，穿过好几条街，只为了买一包香烟。这是什么习惯？想到这里，保罗下定决心戒掉抽烟这个不好的生活习惯。他将空烟盒揉成一团，扔进了废纸篓里。接着，他又换回了睡衣，如释重负地松了口气，很快进入了梦乡。从此之后，他再也没有抽过烟。

“吸烟有害健康”是妇孺皆知的生活常识，可是为什么仍然有那么多的人以牺牲健康为代价，也要将吸烟进行到底呢？这其实就是自制力的问题。自制力差的人，往往禁不住他人的教唆和引诱，渐渐地就上了瘾。等到想戒时，往往又因为意志力不够而作罢。而保罗虽然一度吸烟成瘾，但也算得上是个有自制力的人，一旦下定决心戒烟，就能坚持到底。

所以，无论是实验结果，还是生活中诸如吸烟这样的小习惯，都会涉及自控力的问题。如果你的自控力很差，你在放纵自己的同时，也会深陷在各种烦恼中难以自拔，那么，你的生活将会变得一团糟。所以，如果想要拥有积极、健康、有规律的生活，那就要加强对自身的控制。

004 管住自己，不再处处受制于人

在非洲的大草原上，生活着一群吸血蝙蝠，它们体形极小，但却是野马的天敌。在攻击野马时，它们常趴在马腿上，用锋利的牙齿敏捷地咬破马腿，然后用尖尖的嘴贪婪地吸取马血。

无论野马如何蹦跳、狂奔，都无法将这群讨厌的家伙甩掉。蝙蝠们直到饱餐一顿，才满意地扬长而去。而野马却常常在暴怒、狂奔、流血中无奈地死去。

野马可以快速地奔跑，抵御草原上其他大型食肉动物的袭击，没想到却因一群小小的吸血蝙蝠而倒下。动物学家们分析这种现象，一致认为：蝙蝠的吸血量是微不足道的，远不至于让野马死亡，野马的死应归咎于它暴怒的习性。

生活中，有很多人就像这些野马一样，能够勇敢地面对生活中的重大危机，却被那些琐事搞得焦头烂额。其实，和宝贵的生命与远大的目标相比，这些小事又算得了什么？一个人如果控制不好自己的情绪，每天为一些鸡毛蒜皮的小事困扰，动不动就发脾气，怎么会有心思去做其他的事呢？那么，他又怎么能获得成功呢？可见，一个人要想成大事，必须得从学会控制自己开始。

哲学家苏格拉底曾说：“谁不能主宰自己，谁就永远是一个奴隶。想左右天下的人，须先左右自己。”这里的“左右自己”实际上指的就是控制好自己的情绪和言行。一个自控能力不好的人，即使他拥有再多的金钱、再高的地位、再大的知名度，如果不能控制自己的行为，他也只能沦为情绪的奴隶，甚至有可能被人利用而受制于人，那么，他也不算真正的成功。

在美国，曾有一位才华横溢的大学校长，他准备竞选美国中西部某州的议会会员。他在所有参选的人当中，资历较高，精明能干又博学多识，因此非常有希望赢得选举的胜利。

但是，在选举期间，有人故意散布了一条谣言：三四年前，在该州举行的一次教育大会上，他与一位年轻女教师有暧昧行为。

这位候选人得知后感到非常愤怒，他按捺不住愤怒的情绪，强烈谴责谣言散布者的可恶行为，并在以后的每一个集会中，都要站出来竭力为自己辩解，证明自己的清白。

事实上，一开始并没有多少人关注这件事，但现在人们却越来越相信这件事的真实性：“如果他真是无辜的，为什么要百般地为自己辩解呢？”公众的质疑让这位候选人更加气急败坏，使他更加声嘶力竭地在各种场合中为自己洗刷，谴责谣言的传播。这无疑是越抹越黑，最后连这位候选人的太太都开始怀疑事情的真实性，夫妻感情也开始恶化。

最后他竞选失败了，从此一蹶不振。

在生活中，人们随时都可能会遇到一些不如意，甚至遭遇他人的恶意指控和陷害。如果像这位候选人一样，大动肝火，结果只会落入谣言散布者的圈套而被人牵着鼻子走。最终，只会把事情越搞越糟。

自古以来，做成大事的人，都是自我控制的高手，他们不会轻易表露自己的情绪，更不会任人摆布。正如俞敏洪所说："我们每天生活在不同的社会和群体中间，夫妻之间也要控制自己的情绪，人与人之间打交道也要控制自己的情绪。凡是控制不了自己情绪的人都是做不成大事的，就像张飞和关羽，他们虽然有才华，但是都是控制不了自己，最后出事了。而刘邦，大家都没有听说过他生气，所以说如果刘邦没有控制自己的能力，就不会有汉朝四百年的历史。所以控制情绪不是老谋深算，也不是狡猾，是自己坚韧的体现。"

那么，我们该如何控制自己的情绪，避免陷入被动的局面呢？有这样一个故事，相信能给我们带来启发。

有一个孩子脾气十分暴躁，他的父亲为了让他学会控制自己的情绪和行为，想了一个办法。

一天，他把儿子带到一面墙壁前，对他说："孩子，爸爸知道你脾气不太好，这也不是你所希望的，但是，脾气不好也会影响到别人。这样吧，从今天开始，每当你感觉自己快要发火了，就在这面墙壁上贴一个小图标。"说完，交给他一叠小图标。

一个星期过后，墙壁上果然贴了许多小图标。这时，父亲指着墙壁上密集的图标对儿子说："孩子，看到你的脾气有多坏了吗？"儿子不好意思地低下了头。父亲又说："这样吧，从现在开始，如果你一天没发脾气，就从上面撕下一个图标。"

第一天，孩子还是忍不住发了脾气，可第二天竟然真的没发火。一个星期过去了，孩子有三天没发火。一段时间后，墙上的小图标都被他撕下来了。

那天晚上，父亲把儿子带到墙壁前，对他说："孩子，你做得很好，已经学会如何控制自己的脾气了。不过，你看，你虽然把图标撕下来了，可是痕迹却还在。这说明，你每次发脾气，不管是对别人还是你自己都造成了无法磨灭的伤害。"

儿子惭愧地笑了，从那以后，他很少再发脾气了。

可见，要想驾驭自己的情绪，先要对自己的坏情绪有一个清醒的认识。只有意识到坏情绪会给自己和他人带来什么样的不良影响，才能自觉地抑制发脾气的冲动，减少甚至杜绝情绪失控的情况发生。只有有效地控制自己，做自己情绪的主人，才不会处处受人摆布而迷失自己。

005　戴着镣铐也能跳舞

卢梭说："人生而自由，但却无所不在枷锁之中。"我们每个人都憧憬过着像小鸟一样自由自在、像鱼儿一样无拘无束的生活。但是，现实生活往往充满着各种各样看得见或看不见的规则，约束着我们的一言一行。这些规则，就像无形的镣铐，使我们无法为所欲为。

然而，生命中的任何存在，包括缺点、各种制度和规则，都有着它存在的合理性。就像田间的耕牛被套上鼻栓才能顺利耕地，火车要跑在固定的轨道上才能快速前行一样，人只有在一定的规则的约束、引导下，才能少走弯路，集中力量解决问题。任何人，无论是伟人还是强者，都无法像游鱼一般自由自在，毫无束缚地生活。鱼儿可以为所欲为，但人却必须有所为、有所不为。

蜜蜂和蝴蝶在我们看起来都是自由的动物，但比起翩翩起舞的蝴蝶，我们更赞赏分工严密、勤奋劳作的蜜蜂，因为它们更愿意遵从某种规律。动物如此，人类更是这样。仔细想想，我们会发现，正是由于人类懂得时刻有克制自己的情绪、行为和欲望，才使得我们引以为荣。自由和克制这两种抽象的东西，后者通常更显得光荣，而懂得克制的人更容易得到人们的尊重和认可。

每个人身上都会存在着这样或那样的缺点和坏习惯。经常听到有人这样说："我明知道不该乱发脾气的，可当时就是忍不住。发完之后，我又十分后悔和自责。责怪自己的自控力为什么这么差！可是，下次仍然会重复这样的行为。"事实上，人们时刻都在"控制的自己"和"冲动的自己"之间徘徊挣扎，有时候在自控力不足的情况下，通常会强制性地压制自己的欲望，但最后结果往往不尽如人意。有时压制得越厉害，爆发得越猛烈。越是控制自己发脾气，一旦失控越会歇斯底里；越是压制自己集中注意力看书，越是心烦意乱，看不进去。

其实，真正的自我控制是建立在接纳和引导的基础上的，而不是粗暴地压抑和排斥。如果我们不想戴着"镣铐"跳舞太难受，只有一种办法，那就是将"镣铐"视为身体的一部分，当自己感受不到它的存在时，才能做到随心所欲而不逾矩了。所以，我们可以将需要控制和约束的部分，看成是朋友或者身体的一部分，这样内心会少一些纠结和困扰。就像减肥一样，与其强迫自己忘掉吃巧克力的欲望，严格控制自己的食欲，还不如勇敢地接受内心的想法和感受，并提醒自己不要顺着自己的想法去做效果来得好。总之，只有带着豁达的心态去面对缺点和不足，并试着去正视它、了解它，才能彻底地消灭它。

很多人对自己的控制力没信心，其实是对“控”字的理解不到位造成的。自控力的“控”并不是束缚和压制，而是引导的意思。能够压制内心强烈的欲望，看似坚强，很了不起，实际上那并不是自控，而是带有自虐色彩的压制，被强制压抑的情绪和欲望总有一天会像火山爆发一样发泄出来的。即便不爆发，也会把自己给憋出病。

我们要懂得自控，更要掌握自我控制的方法，方法不对，只会事倍功半，甚至起反作用。那么，我们应该怎么做呢？

方法1　设立简单易实现的目标

找一张纸，将纸划分不同的区域，把想要实现的目标在纸上的不同区域写上，比如说工作要完成哪些任务、考试要如何安排温习的课程，甚至是逛街要买什么、去哪里旅行等。然后再依照目标的重要性和难易程度进行排序，重要而简单的放在前面，复杂和难实现的放在后面。当我们感觉迷茫，或者正处于自控力缺乏的状态时，不妨将这张纸拿出来，从最简单的事情做起。当我们顺利完成某项易达成的目标时，内心会充满自信的能量，这股强大的力量会支撑和鼓舞我们完成接下来难度更大的目标。

方法2　失控时不妨转移一下注意力

做任何事，都有可能面临失败的危险。当我们发觉无法控制住自己时，内心一定会十分自责和沮丧。如果继续强迫自己做这件事，效果通常都不会太理想。这时，不妨先将目标放一放，将注意力转移到你感兴趣的事情上来。比如说，看一本轻松幽默的书，看一部好莱坞大片，或者散散步呼吸一下新鲜空气等，这些轻松的事情可以阻止内心失落、悲观的情绪继续蔓延，还能从自己喜欢做的事情中得到积极的心理能量，这对于提高自控能力，实现目标是很有帮助的。

自控力测试1　快来看看你的自控力有多强

1.当你站立时，你会习惯性地双臂抱肩吗？

A.是　B.不是

2.你有咬手指或手指甲的习惯吗？

A.有　B.没有

3.当与人交谈或者听别人谈话时，会不自觉地敲打桌面吗？

A.会　B.不会

4.与别人争吵时，明知自己不对，还会说一些过分的，甚至是骂人的话吗？

A.会　B.不会

5.开会时，你总是不断地变换姿势，以求坐得更舒服吗？

A.是　B.不是

6.你与他人交谈时：你

A.总是抑扬顿挫，眉飞色舞，手舞足蹈

B.把手轻轻地放在衣兜里

7.出席宴会时，你总是将视线放在一样或者几样菜上吗？

A.是　B.不是

8.看到别人握紧拳头，你下意识地感到害怕吗？

A.怕　B.不怕

9.在公众场合跌倒，你感到别人都在注意着你吗？

A.是　B.不是

10.出席宴会时，通常只和相熟的朋友交谈吗？

A.是　B.不是

11.你是否常常会因为一些小事而突发奇想?

A.是　　B.不是

12.在你决定做某件事前，是否会进行充分的思考?

A.是　　B.不是

13.你是否对别人的某些暗示特别敏感?

A.是　　B.不是

14.你是不是对一件事先热后冷最终放弃?

A.是　　B.不是

15.你是不是很在意他人对你的看法?

A.是　　B.不是

16.你是不是对细小的刺激很敏感?

A.是　　B.不是

17.发现自己感兴趣的事，你是否会立即采取行动?

A.是　　B.不是

18.你是不是经常被其他人的情绪感染?

A.是　　B.不是

19.你在做某件事时是不是带有机械性?

A.是　　B.不是

20.你会不会在某一瞬间做出一些莫名其妙的事来?

A.是　　B.不是

21.你是否经常为一些鸡毛蒜皮的小事发牢骚?

A.是　　B.不是

22.你是不是一个爱憎十分分明的人？

A.是　　　　B.不是

23.一件事情还未完全弄清楚之前，你会采取行动吗？

A.会　　　　B.不会

24.在事情遇到阻力时，你是不是总叫嚷“我不懂，真没意思”？

A.是　　　　B.不是

25.当你感觉达不到目标时，你还会继续蛮干下去吗？

A.会　　　　B.不会

26.你是不是凭刹那间的印象来生活？

A.是　　　　B.不是

27.你是不是把怄气或反抗认为是不屈不挠、有骨气？

A.是　　　　B.不是

28.你是否甘愿附庸于要好的朋友？

A.是　　　　B.不是

29.考试成绩不理想时，你是否会埋怨老师的教学水平低而不认为自己有不足之处？

A.是　　　　B.不是

30.如果某件事不称你的心，你是否坚决不会去做？

A.是　　　　B.不是

31.你经常告诉自己“这是最后一次了”？

A.是　　　　B.不是

32.你常为自己做的事情感到后悔？

A.是　　　　B.不是

33.你的工资总是不到月底就花光？

A.是　　B.不是

34.你是一个很好说话，极易被说服的人？

A.是　　B.不是

35.你是否经常不能完成自己制订的学习或工作目标？

A.是　　B.不是

36.你是否总是被各种麻烦困扰？

A.是　　B.不是

37.你是否经常沉溺于一些不切实际的幻想当中？

A.是　　B.不是

38.你是不是总不能按时起床？

A.是　　B.不是

39.你的保证和诺言，连自己都有些不相信了？

A.是　　B.不是

40.你每次逛超市都会超出购买预算？

A.是　　B.不是

答案与分析：肯定回答得1分，否定回答不计分。

（0~12分）：你是一个自控力很强的人，无论在什么情况下，你都能保持沉着冷静、分寸得当、临危不乱，这是促使你成功的重要因素。

（13~20分）：你有缺乏自控力的倾向，要注意培养自控力。

（21~40分）：你明显缺乏自控力，学习和生活可能会有诸多的烦恼和困难，一定要开始培养自控力了。

第二节　自控术与意志力

006　把控自己的关键在于提升意志力

提高自控力的主要目的不仅在于帮助人们抵挡诱惑，更在于引导人们尽快地达成目标，而意志力则是指引人们迈向成功的潜在的巨大能量。提高自控力的关键在于提升意志力。

缺乏意志力或者意志力不够坚定是一种十分普遍的现象，这也是导致大多数人无法获得成功的重要因素。我们总习惯于给自己制订各种各样的目标和计划，而能够坚定地贯彻始终的人则少之又少。比如说，新年伊始，你很可能会踌躇满志地在笔记本上作好新年规划；每个月的第一天，你会信心满满地列好当月的工作计划；每天早上一睁开眼，你的大脑便开始仔细盘算着一天的任务……可是，到了年底、月底和一天快结束时，回头审视自己的目标，是否其中的大部分都是有头无尾，有的甚至都被抛诸脑后了？无法坚持按照目标计划行事，这就是缺乏意志力的表现，结果做事往往是半途而废，无疾而终。

心理学家曾作过这样一项问卷调查，研究者在问卷中列出了二十几个性格优点，在全世界的范围内调查了几千人。研究者发现，当人们被问及自身的最大的优点时，人们的回答通常是善良、诚信、幽默、谦虚等，很少有人说自己的优点是自制力强；而当问及人们失败的原因时，回答缺乏自制力的人最多。

是否拥有强大的意志力是决定成功和失败的重要因素。正如英国议员·柏克斯顿所说：“随着年龄的增长，我越来越意识到，人与人之间、弱者与强者之间、大人物与小人物之间，最大的差异就在于意志的力量，即所向无敌的决心。一个目标一旦确立，那么，不在奋斗中死亡，就要在奋斗中成功。具备了这种品质，你就能做成在这个世界上可以做的任何事。”

1978年，在福特公司担任了8年总裁的艾科卡，突然遭到了老板福特的解雇。原来，福特是个专横武断的人，他担心艾科卡非凡的业绩和日益增长的声望会夺走家族的利益。被解雇的艾科卡仿佛从云端一下子跌入了深渊，受尽了失败、挫折和世态炎凉的滋味。但是，在厄运面前，艾科卡不但没有灰心丧气，反而以更加顽强的意志力与之对抗。他转而投入了另一家濒临破产的汽车公司——克莱斯勒公司。该公司当时已经负债累累，如果不能获得银行的贷款，很快就会倒闭。

艾科卡上任后，一方面在公司的人事方面进行了大刀阔斧的改革，为了节省开支，他果断地裁员9万人，辞退了35名不称职的管理者，招聘和提升了许多充满活力又极有才干的年轻人；另一方面，他终日奔走于各大银行，争取贷款。无奈各大银行鉴于克莱斯勒公司的经营现状，都不敢把款贷给他。在四处碰壁的情况下，艾科卡仍没有放弃，转而游说政府，争取政府贷款。在这段异常艰苦的日子里，艾科卡不仅身负着巨大的债务压力，还要处理繁重的公司事务，一周要跑好几次华盛顿，每天要开8~10个会议，即使如此身心疲累，他的意志力却从未退缩。终于，美国政府通过了向克莱斯勒公司提供15亿美元贷款的决议。1982年，在这笔巨额资金的带动下，克莱斯勒公司很快起死回生。次年，该公司的年利润便达到了9亿美元。艾科卡很快还清了债务，又一次攀上了事业的高峰。

在厄运面前，有些人总是抱怨命运对自己不公，终日沉湎于悲观、绝望的情绪中，破罐子破摔：而有些人就算在命运的低谷，依然有决心破除万难，爬上成功的巅峰，就像艾科卡一样。如果当年艾科卡屈服于命运的戏弄，像绝大多数缺乏意志力的人那样自暴自弃，那么，他的人生将会是另一番情景。

可见，只要有坚强的意志力，就不会是真正的失败者。只要有面对和解决困难的勇气和毅力，最终一定会成功。

007 身体里潜藏的巨大意志能量

每个人的内心都沉睡着一股巨大的、无所不能的力量，它就是意志力。只要你唤醒它，你就能实现你的梦想，成为你想成为的人。

著名哲学家罗素说：“古往今来，对成功秘诀的谈论实在是太多了。其实，成功并没有什么秘诀。成功的声音一直在芸芸众生的耳边萦绕，只是没有人理它罢了，而它反复述说的就是一个词——意志力。任何一个人，只要用心去体会，就会获得足够的能量去攀登生命的巅峰。”

可见，意志力是帮助我们实现成功的重要心理素质，是成功者最不能缺少的“精神动力”。

美国总统尼克松小时候家境不好，父亲靠在自己的菜园里辛勤劳作养家糊口，母亲是一名家庭主妇。尼克松的祖先没有给他留下任何从政的人脉网络，也没有给他留下任何的创业资本。可以说，尼克松一步步走向成功，靠的是自己坚强的意志力。

尼克松9岁时，父亲卖掉了房屋、菜园和果园，举家搬到了惠物尔。父亲每天早出晚归，希望靠自己的双手改变全家人的命运。不久后，他父亲拥有了属于自己的加油站和杂货店，尼克松的母亲则做一些馅饼和蛋糕，拿到店里出售。靠着辛勤的劳动，一家人的生活才渐渐好起来。

父母勤劳、向上的精神深深地影响着尼克松，他明白，只有肯付出，才能实现自己的愿望。于是，他每天凌晨4点钟起床，5点钟就赶到洛杉矶第七街菜市场，仔细挑选要买的蔬菜和水果，与卖主还好价后，用马车拉回家。在家里把这些货物清洗干净，分级包装，再摆放到店铺的货架上，然后去上学。

这项工作对于尚未成年的尼克松来讲劳累强度可想而知，就算是一个成年人，时间久了也会觉得劳累和厌烦。但是，尼克松一干就是好几年，小小年纪的他没有偷懒和松懈，靠着坚强的意志和坚韧的毅力坚持做了很多年，直到他们家逐渐富裕起来。

少年时期的这段经历培养了尼克松坚定的意志，也使他养成了勤劳的品质。成年后的尼克松先后获得了两个学士学位，并成为一名律师。后来，尼克松开始步入政界，并当选为美国众议院共和党议员。1968年，尼克松当选为美国第37任总统。

有人说："成功其实很简单，就分两步，第一步是开始，第二步是坚持。而坚持靠什么，靠的就是意志力。"尼克松一家之所以能够摆脱贫困的家境，靠的就是坚定的意志和勤劳的品德。这种良好的品格是推动尼克松后来步入政坛，登上总统之位的强大的内在动力。

很多人都认为，像尼克松这样的伟人之所以成功，那是因为他们与生俱来就拥有某种特别的天赋，而平凡如你我，是很难通过自己的努力爬到人生的高峰的。其实，这是一种自暴自弃、缺乏意志力的表现。实际上，意志力不是生来就有的，而是在生活的磨砺中不断培养和增强的。

提升意志力是一个循序渐进的过程，就如同锻炼身体一样。今天顺着跑道跑了5圈，明天就可以说服自己跑6圈，后天跑7圈，慢慢往上加，有一天你会发现跑上10圈、20圈都能轻轻松松地做到。同样，要想增强自己的意志力，不妨先设定一些小的目标，坚持完成，这在锻炼了意志的同时，还增强了自信心，进而再挑战更大的目标，这样一步步来，你会发现，到达成功的彼岸并没有想象中的那么难。

总之，意志力就像深埋于地下的甘泉，只要你肯坚持挖下去，就一定会尝到成功的甜头。

008 如何增强自己的意志储备

天生意志力就强的人不是没有，但绝对是少数。更多情况下，人的意志力来自于后天的培养和储备。困难可以磨砺一个人的意志，也可以摧毁一个人的意志。当一个人面对接踵而至的挑战时，意志力会在与困难对抗的过程中慢慢消磨殆尽，此时就需要我们想办法增强自己的意志储备。

增加意志力储备的目的不在于保护意志力不受任何损耗，而是在觉察到意志力发生变化时，及时地进行调整，使意志力得以补充。在现实生活中，我们需要面对和处理各种各样的困难和挑战，要想追求成功，意志力没有丝毫损耗是不可能的，重要的是如何让它恢复到充足的水平。

恢复意志力最有效的办法就是适当休息，放松一下自己。很多时候，你的精力不允许你不停地工作和学习，此时若强迫自己继续，那只会是效率低下的空耗而已，不如让自己休息一下，养精蓄锐。

有这样一则寓言故事：

有三条毛毛虫经过长途跋涉，已经筋疲力尽了。现在它们只需要越过一条河就能成功到达目的地。

其中一条毛毛虫说："看来，我们得先找到桥，然后从桥上爬过去。"

另一条毛毛虫说："我们还是造一条船，从水上漂过去好了。"

最后那条毛毛虫说："我们走了那么远的路，已经疲惫不堪了，应该静下来先休息两天。"

另外两条毛毛虫十分诧异："什么，休息？这不笑话吗？你没看到对岸花丛中的花蜜已经快被喝光了吗？我们一路马不停蹄地赶路，难道是为了来这里睡觉……"

话未说完，一条毛毛虫已经爬上河堤的一条小路去寻找过河的桥去了，而另一条则已开始爬树，准备摘一片树叶做船……剩下的一条则爬上最高的一棵树，找了片叶子躺下来美美地睡着了。

一觉醒来，睡觉的毛毛虫发现自己变成了一只美丽的蝴蝶，它扇动了几下翅膀就轻松地过河了。而此时，与它一起来的两个小伙伴，一条累死在路上，另一条则被河水送进了大海。

人们常说："会休息的人更会工作。"的确如此，做任何事都要讲究劳逸结合，张弛有度。该努力时不遗余力，该休息时尽情休息，这才是聪明人的做法。

增强意志力储备，同样需要注意休息。很多心理学家都认为，恢复意志力的最好方法就是休息，而睡眠则是一种十分重要且使用普遍的休息方式。这一点，有很多研究成果可以证明。比如说，心理学家鲍梅斯特和他的同事们于1994年进行的那项研究表明，人在充足的睡眠之后，执行自我控制任务时要比睡眠前意志力耗损状态时的表现更好。帕罗特等人在1996年研究戒烟时也发现，那些睡眠充足的人，戒烟成功的概率更大，也就是说那些人的自控力更强。

可见，人的自控力与睡眠质量的好坏有很大的关系。在睡眠充足的情况下，人精神焕发，信心充足，自我控制的能力较好，对抗挫折和困难的勇气和毅力更强；而睡眠不充足的人，自控力会减弱，人会变得消极，遇事爱逃避，情绪容易失控，攻击性较强。

那么，我们该如何提高睡眠质量，增强意志储备呢？

首先，要合理安排好工作、学习和休息的时间。该工作的时候努力工作，该休息的时候好好休息，严格按照时间安排作息。

其次，养成早睡早起的习惯。尽量让自己在10点前入睡，不要在床上长时间玩手机或做其他无关事情，睡前最好将手机放在离自己远一点的地方。

最后，时间紧迫也要抽时间小憩。如果需要连续加班，或者工作繁忙有一大堆的事情要集中处理，可以忙里偷闲，抽时间小憩一下，这样有助于意志力的恢复。

009 如何提升意志品质

意志品质，是指人们在意志行动中表现出来的比较稳定、鲜明的意志特征。具体来讲，人的意志品质可以分解为4个部分，即意志的目的性、果断性、自制性和坚韧性。要提升人的意志品质，就要从这4个方面入手，缺一不可。

目的性

意志的目的性是指对自己行动的目的有明确的认识，并能够有计划地实现。意志的目的性较强的人，会将眼下的一切行动服务或服从于长远目的。判断一个人的意志力强不强，第一个标准就是看他做事有没有明确的目标。目标明不明确，反映出的意志品质也有很大差别，行动结果必然不一样。

有三个人要在监狱里度过难熬的三年时光，为了让他们安分些，监狱长答应满足他们每人一个要求。美国人爱抽雪茄，要了三箱雪茄：法国人追求浪漫，要了一个美丽的女子相伴：而犹太人说，他要一部与外界沟通的电话。

三年后，第一个出来的是美国人，嘴里鼻孔里塞满了雪茄，大喊道："给我火，给我火！"原来他忘了要火了；第二个出来的是法国人，只见他手里抱着一个小孩子，美丽女子的肚子里还怀着第二个孩子；最后出来的是犹太人，他紧紧握住监狱长的手说："这三年来我每天与外界联系，我的生意不但没有停顿，反而增长了200%，为了表示感谢，我送你一辆劳斯莱斯！"

这个故事给我们的启示是：什么样的选择决定过什么样的生活；追求的目标不同，最后达成的结果也会千差万别。所以，要提升意志品质，就要让我们的行动目标更加的科学、合理。如果你想超越别人，首先就要让自己赢在起跑线上！

果断性

善于明辨是非，能够及时、坚定地采取有根据的决定，并毫不迟疑地执行该决定，称为意志的果断性。当客观情况需要立即作出决定时，果断性强的人会毫不犹豫地及时采取措施，当客观环境不适于立即采取行动时，他又会深思熟虑，绝不急躁、冒险和草率行事。在决策的关键时刻，果断从事，当机立断。而缺乏果断性的人，有的人遇事总是优柔寡断、患得患失、踌躇不前；有的人则草率从事，不假思索就轻举妄动。这样的表现，实际上都是意志力薄弱的体现。

那么该如何克服这些不良的习惯，提升意志力呢？

首先，要坚信自己。做事犹豫，拿不定主意，是缺乏自信的表现。如果你是这样的人，就要学会为自己打气，相信自己的能力，抱着平常心去面对困难和机遇，鼓励自己大胆尝试新的挑战，为自己争取更多的发展机遇。其次，要勇于承担责任。遇事总是等着别人来作决定的人，往往害怕承担责任。这其实是一种自我禁锢的表现，这样的人很难取得突破性的进步。再次，要培养自己分析问题的能力。果断需要对自身及事物有个客观和理性的认识，对自己的行动和目标有清醒的认识和明确的定位。所以，在事情还未形成客观、清晰的认识时，不妨先冷静地分析问题，分析透彻后再作决定，这样可以避免武断、鲁莽行事。最后，要懂得放弃。在鱼和熊掌不能兼得时，果断地放弃一样，以减少顾虑，这样才能轻装上阵。

自制性

意志的自制性是指经常能控制自己的言行及不良的心理状态。自制性强的人，一方面善于控制和调节自己的情感，他们通常情绪稳定，注意力集中，遇到紧急情况能保持清醒的头脑，总能排除万难，争取胜利。获得成功之后，则能更加谦虚谨慎，不骄不躁；另一方面，他们有很强的自律能力，善于约束自己的言行，并且对自己的言行高度负责，常以宽容、友好的态度处理人际关系。

与自制力相对立的意志品质是任性和怯懦。任性的人往往不能约束自己的行为，做事总是凭感觉；懦弱的人则表现为在行动时畏缩不前、不知所措，这都是自制力薄弱的表现。要提高意志的自制力，就要克服这两种不良的品性。

坚韧性

坚韧性，也叫顽强性，是指不断地克服在实现目标的过程中所遇到的重重困难，并能将决定贯彻到底，直至达到目的的意志品质。坚韧性强的人能够抵抗和排除在意志行动过程中遇到的各种诱惑的干扰，行动一旦开始，就有不达目的誓不罢休的坚强毅力，遇到挫折不灰心，能持之以恒、锲而不舍。

意志的坚韧品质在我们处理一些历时长、有困难、枯燥乏味的工作中会表现得特别突出。意志坚韧的人常能克服种种困难，最终取得令人瞩目的成果。例如，李时珍花了27年才写成《本草纲目》，马克思的《资本论》也花了40年才完成，而歌德写《浮士德》花费的时间更长，前后达60年。这些伟人之所以被世人所称道，不仅因为他们留下的传世佳作，还在于他们坚忍不拔的意志很值得我们学习。

马丁·赛李曼说过："如果没有坚忍不拔的精神，除非你是天才，否则是不会胜出的。"可见，任何伟大的成就都不是一蹴而就的，想成就一番事业，就要有面对困难不屈不挠、顽强拼搏的坚韧品质，谁能一次又一次地打败困难，谁就会一步步地靠近成功。

010　如何消除不良的意志力

正如一个人会生病一样，意志力有时也会表现出一些病态特症，比如说逃避现实、沉溺于幻想；做事不专心、三心二意；优柔寡断、摇摆不定；固执己见、一意孤行；遇事退缩、有始无终等。这些都是不良的意志品质，是影响一个人成功的常见阻力，要尽快消除掉。

逃避现实、沉溺于幻想

拥有这种意志品性的人，对自己没有信心，缺乏面对现实困难的勇气，他们就像乌龟一样，一遇到困难就缩在自己的小世界里，沉溺于不切实际的幻想中。他们全部的大脑活动都集中于自己的臆想中，无法将自己的思绪转移到现实中来。

治疗方案：不要急于求成，可以从身边的小事一点点慢慢来。比如说让自己有意去关注日常生活中的一些小事，越细越好，这样可以转移你的注意力。要注意缓解自己的压力，多休息，多运动。

做事不专心、三心二意

这种类型的人做事缺乏耐心，无法长时间地将注意力集中在一件事情上，而且经常中途改变想法，因一时兴起而放弃正在进行中的工作的情况时有发生。他们一生中很难有固定的、始终如一的目标。

治疗方案：规定自己在一定的时间内完成某个任务，让自己有一种时间上的紧迫感，从而避免分心的现象出现；当完成某个任务时，给自己适当的奖励。人的行为在受到正面的刺激和强化时，主观能动性更强。所以，当你完成一个目标时，不妨小小地奖励自己一下，这样不仅可以增加自信心，更有助于延长注意力集中的时间。

优柔寡断、摇摆不定

意志力不坚定的最主要的表现就是优柔寡断，游移不定。拥有这种不良意志品性的人，通常自信心都不太强，做事总是犹豫不决，因为他们不知道自己的决定是好还是坏，对事物的认识也总是朝令夕改，一会儿坚持这个观点，一会儿又改成对立的观点，给人带来缺乏主见的印象。他们当中有很多人本领很强，也很有自己的想法，可就是因为不能当机立断，坚持立场，最终平庸一生。

治疗方案：在作决定前充分考虑各方面的因素是有必要的，但是一旦有了决定，就不要再有顾忌，也不要再重新考虑，以免错失时机；不要害怕承担责任。生活中的任何事情都是相对的，责任的背面很可能是成功。要想成功地做成某事，就要有承担失败的心理准备。

固执己见、一意孤行

固执己见、一意孤行的人自信心过强，总是认为问题已经解决了，而且解决得很好，没必要再改变。他们通常没有耐心，听不进别人善意的忠告，也完全不理会自己心底隐隐约约的疑惑和担心。而且，这类人通常缺乏足够的理智，自己认定的事，通常会一头栽进去，即使撞了南墙也不知道回头。

治疗方案：要克服自己盲目自信、过分骄傲的情绪，多听听他人的意见和想法，认真细致地权衡利弊，发现自己的不足；注意倾听自己的心声，找到让人疑惑和不安的因素，深入地思考自己内心深处的信念。

遇事退缩、有始无终

有这种不良意志品性的人做事缺乏常性，往往事情还没开始做，内心就开始打退堂鼓；已经着手在做的事情，也容易因为这样或那样的原因而半途搁浅。

治疗方案：要对自己有信心，相信自己一定可以跨越障碍，顺利地将事情做好；搜寻让自己满怀热忱继续投入工作和学习的动机，比如说完成后，会得到什么奖励，得到什么人的认可等；发现工作中的乐趣，激励你的意志力发挥作用，使自己能够坚持下去。

011　意志力疲惫期该如何应对

不少人都会有这样的体验，全力以赴地完成某个目标时，会感觉身心俱疲，无法再集中精力去做别的事。这是因为，当我们感到疲劳时，意志力也会变薄弱，这会使我们放弃很多本来计划好要做的事情。比如说，将原本计划今天要完成的事推到明天；本来计划和朋友一起去爬山，却宅在了家里等。

为什么会这样呢？其实，意志力并不像我们想象的那样取之不尽、用之不竭，它也有疲惫期。当我们下意识地抑制自己的冲动和欲望，集中力量解决问题时，你就会慢慢感觉到疲累，这其实就是意志力的疲累。

心理学家研究发现，自我控制的力量——意志力，会随着人的使用而慢慢减少，当人在一件事情上消耗了大量意志力后，在处理第二件需要意志力的事情时，就会出现意志力下降的情况。

为了证实这个结论，美国佛罗里达州立大学的心理学教授罗伊·鲍梅斯特进行了一项有名的意志力消耗实验。

在实验开始前，所有被试都被要求禁食。当这些饿着肚子的被试进入实验室后，实验者告诉他们，接下来要进行的是智力测验，他们的任务是解答实验者预先准备好的几何题。

在答题之前，被试被随机分为三组。第一组和每二组都被带进一间放着刚烤好的巧克力饼干以及一些萝卜的房间。实验者告诉第一组被试可以随意吃房间里的东西，告诉第二组被试只可以吃房间里面的萝卜，不可以吃更美味的巧克力饼干。一段时间后，第一组和第二组的被试都被带到实验室解题。而第三组的被试则是直接被带到实验室解几何题。

被试为了证明自己拥有高智商，努力解答着这些几何题目，而事实上，这些几何题是都是无解的。原来，实验者的真正目的并非要测试他们的智力水平，而是要测试他们能坚持多久才会放弃。

实验者对被试坚持的时间作了统计。结果是：第一组可以吃巧克力饼干和萝卜的受试者，他们平均坚持了20分钟；第二组只允许吃萝卜的被试，他们平均坚持了8分钟；第三组直接被带入解题室的被试，他们平均坚持了20分钟。

罗伊·鲍梅斯特分析，第二组被试平均坚持的时间最短，是因为他们在饥饿状态下抗拒了美味的巧克力饼干，耗费了大量的意志力。这使得他们在解答几何题时，相对于其他两组，投入的意志力要少得多。

由此，罗伊·鲍梅斯特得出了实验结论：意志力是有限的，需要意志力参与的自我控制过程都会消耗意志力。

不过，幸运的是，意志力虽然会被消耗掉，但也不是不可恢复的。以下2个方法可以帮助你一直保持精神焕发的状态。

方法1　挖掘坚持的理由

当你感觉自己的意志储备开始告急时，设法找出让自己坚持下去的理由，这样有助于让自己恢复能量。比如说，你可以问问自己，如果能坚持下来，自己将会收获什么？如果现在就放弃，你将会失去什么，或者会有什么样的后果？你也可以用自己最想实现的目标激励自己，每当面对诱惑，想要放弃时，想一想这个目标，或许内心又会充满能量。

方法2　将重要的事情放在意志力充足的时候做

在安排自己的工作和生活时，可以按照事情的轻重缓急程度，决定处理事情的先后顺序。着急的、重要的应放在身体和精神状态好的时候做，而一些琐碎的、不太着急的或者无关紧要的事情则可以放在意志力不那么强的时候做。如果时间安排不开，不得不在意志薄弱的时候处理重要的事情，那么最好事先安排一个短暂的休息放松的时间，让意志力得以恢复，这样才能把事情办得更漂亮。

自控力测试2　测测你的意志力够不够强韧

1.你正在朋友家中和朋友一起聊天，这时你发现茶几上放着一盒你喜欢吃的巧克力，你的朋友无意让你吃。当他走开时，你会（　　）。

A.立即吞下一块巧克力，然后抓一把放到口袋里

B.自顾自地一块接一块地吃起来

C.坐着不动，抗拒巧克力的诱惑

D.告诉自己：什么巧克力，我很快就会有一顿丰盛的晚餐了

2.你发现你的朋友离开房间时，忘记把笔记本锁好，你很想知道他对你的评价以及他和女朋友的关系。此时你会（　　）。

A.克制自己，不去偷看

B.立即走出房间去找他，不让自己有偷看日记的机会

C.匆匆翻过数页，直到内疚感制止自己这么做

D.迫不及待地打开，然后责怪他居然说你好管闲事

3.你在朋友的日记本中发现很多秘密，你很想与人分享，这时你会（　　）。

A.立刻告诉其他的好朋友，说他迷恋别人的女朋友

B.不打算告诉别人，但会暗示朋友你已经知道了他的秘密

C.不告诉任何人，继续和他做好朋友

D.请催眠专家帮你忘掉这段记忆

4.你正在为一次外出旅行努力攒钱，但你看到了一条很漂亮的裙子，这时你会（　　）。

A.每次经过那家店时，都不让自己去看那条裙子

B.自己买布料，缝制一条一样的裙子，这样花的钱比较少

C.不顾一切地买下它，然后哀求父母借钱给你去旅行

D.坚决不买，没有任何东西可以阻碍你的旅行计划

5.你深信自己深深爱上了一个男孩，但他只在无聊时才想起你。在一个狂风暴雨的夜晚，他要求与你见面，你会（　　）。

A.立即冒着雨去找他，即使花费数小时也是值得的

B.挂断电话。虽然你很不情愿，但你需要一个更关心你的人

C.先要他答应以后更好地待你才答应去，他照例微笑着应允

D.直接地拒绝他

6.你对新年所许下的诺言所抱的态度是（　　）。

A.只能维持几天

B.维持2~3年

C.懒得去想什么诺言

D.到适当的时候就违背它

7.如果你能在早上6点起床温习功课。晚间便有更多时间，令你做事更有效率。你会（　　）。

A.虽然每天早晨6点闹钟准时闹醒你，但你仍然赖在床上直至8点才起来

B.把闹钟调到5点半，以便能准时在6点起床

C.约在6点半起床，然后淋热水浴使自己清醒

D.算了吧，睡眠比温习更重要

8.你要在6周内完成一项重要任务，你会（　　）。

A.在委派后5分钟即开始进行，以便有充足的时间

B.限期前30分钟才开始进行

C.每次想动手时都有其他事分神，不断告诉自己还有6周时间

D.立即进行，并确定在限期前两天完成

9.医师建议你多做运动，你会（　　）。

A.只在前一两天照做

B.拼命运动，直至支持不住

C.每天漫步去买雪糕，然后乘计程车回家

D.最初几天依指示去做，待医生检查后即放弃

10.朋友想跟你通宵看录像带，但你需要明早7时起床上班，你会（　　）。

A.看到晚上9时半回家睡觉

B.拒绝，好好地睡一觉

C.视情绪而定，要是太疲倦就告假

D.看通宵，然后倒头大睡

计分方法：

1.A.记1分，B.记2分，C.记3分，D.记4分。

2.A.记3分，B.记2分，C.记4分，D.记0分。

3.A.记1分，B.记2分，C.记3分，D.记4分。

4.A.记1分，B.记2分，C.记3分，D.记0分。

5.A.记1分，B.记3分，C.记2分，D.记0分。

6.A.记2分，B.记4分，C.记3分，D.记0分。

7.A.记2分，B.记4分，C.记1分，D.记0分。

8.A.记4分，B.记1分，C.记3分，D.记0分。

9.A.记3分，B.记4分，C.记1分，D.记2分。

10.A.记3分，B.记4分，C.记2分，D.记1分。

测试结果：

（18分以下）你的意志力不够坚定，只喜欢做你感兴趣的事情，对于能获得满足感的工作，你会坚持做下去。你很想坚持实现目标，可是你很少能够坚

持到底。

（18~30分）你是一个坚持原则的人，懂得权衡轻重，所以你知道什么时候坚持到底，什么时候要适当放松。在遇到特别感兴趣的事情时，你的意志力会被好奇心打败。

（31~40分）你有极强的意志力，任何事情都不会改变你的主意，影响你的计划。这是十分值得肯定的，但有时候太过执着并非好事，偶尔改变一下，生活可能会更精彩。

第二部分　修炼自控力从这里入手

第一节 掌控好情绪的开关

012 坏情绪从何而来

人的情绪是一种巨大的、神奇的力量。它既可以催人奋进，让人精力充沛、心情愉快；也可能让人心情烦躁，情绪低落，甚至万念俱灰，将人推向万劫不复的深渊。

据《中国青年报》社会调查研究中心公布的一项调查显示，93.4%的受访者认为如今的人情绪化问题严重，其中85.1%的人认为非常严重。87.5%受访者坦言，自己在日常生活中有情绪化的表现。

可见，情绪化已成为一个十分普遍的社会问题。在生活中，人们总是遭受着各种各样的坏情绪的困扰，表现为莫名其妙地发火、内心焦虑、心情抑郁、惶恐不安等。比如，当忙完一天紧张的工作后，人们容易出现心情烦躁、抑郁的情况，特别是工作繁忙或者不顺利时，内心会变得更加焦躁，总想找人发火。但是当紧张的工作告一段落时，在如释重负的同时，人的内心又会开始怅然若失，无所适从……

这些都是坏情绪在作祟的结果。那么，这些坏情绪究竟从何而来呢？

心理学家们对这个问题展开了讨论。其中一个观点，我们曾在前文中提到过，那就是当一个人的意志被消耗后，就会出现自控力下降的情况，这时人的情绪就会表现出一些负面特征来。比如说，人在长时间的加班后，意志力已经大量消耗了，此时如果再强迫自己继续，通常会产生烦躁、抵触情绪。此外，心理学家们还提出了另外一个观点。他们认为，人在进行自我控制的过程中，会产生负面情绪，所以当人们完成自控任务后，会出现情绪失控的现象，就像节食者在拒绝掉美味的食物后，会觉得不高兴一样。

为了验证这个观点的正确性，心理学家设计了一项实验。实验时，实验者让被试在美味诱人的巧克力和苹果之间作选择。然后，实验者给他们提供两部电影《愤怒管理》和《阿呆闯天堂》，让他们选择其中的一部观看。前一部电影的主题显然与愤怒有关，而后一部主题则与愤怒无关。

实验者统计被试的选择后发现，大多灵敏的人选择了巧克力，只有少部分人选择了苹果；而那些选择苹果的被试中选择看《愤怒管理》的比例更高。

实验者分析认为：相对于苹果，被试心中更愿望选择巧克力，因为它更美味。但也由于它热量高，一些被选者出于表现心理，会克制自己选择吃巧克力的欲望，继而选择了吃苹果。由于选择吃苹果违反了内心他们本身的愿望，所以导致被试产生了负面情绪，在接下来选择电影时，被试倾向于选择了那些贴近自己负面情绪的电影。

心理学家对这个现象认真分析后得出这样的结论：自我控制其实是对自己想做的事情及愿望进行阻挠的过程，当人的愿望被阻止时，就会产生负面情绪。

通常，人们很难意识到这一点，但却总是不知不觉地受它影响。就像小孩得不到自己想要的玩具会不高兴一样，人们在对自己的行为、情绪、言语进行克制时，同时也会产生一定的负面情绪。

这个实验结果提示我们，当我们完成大量的自我控制任务后，一定要注意调节自己的情绪，尽量避免坏情绪影响我们的工作、学习和生活。

013 你被坏情绪绑架了吗

喜、怒、哀、惧是人的四种基本情绪，构成了人类丰富的情感元素和旺盛的生命力。在这四种情绪中，除了喜，剩下的三种情绪都带有明显的消极意味，如果处理不好，你很可能会沦为坏情绪的奴隶。

你是否有这样的经历：面试前总是焦虑不安，坐卧不宁？受到老师、父母批评后，心情沮丧，不愿意再上学？和丈夫大吵一架后，气得上街乱逛，买回来一大堆不实用的东西泄愤？当工作不顺时，看谁都不顺眼，看谁都想发火……

像这样的情绪表现，偶尔发生一两次不要紧，如果经常这样，那么你就要当心了！这说明你已经被自己的情绪控制，沦为了坏情绪的奴隶了！所以，一遇到不顺心的事，你就不由自主地坐立不安，不得不旷课，难以控制地乱花钱，忍不住地寻衅滋事……坏情绪不仅扰乱你的生活秩序，还给别人的工作、学习和生活造成不好的影响。

美国心理学家艾尔玛在研究情绪对人们健康的影响时，曾做过这样一个简单的实验。他将几支玻璃管插入一个盛放冰水混合物的容器中，借以收集人们处于不同情绪状态时呼出的“水汽”。结果发现，当人们情绪平和时呼出的气，凝结成的水清澈透明，无杂质；而愤怒时呼出的“水汽”呈紫色，且有不少沉淀物。实验者将这种带有紫色沉淀物的水，注入小白鼠体内，一段时间后，小白鼠居然死了。可见，坏情绪的威力有多大！

在生活中，每个人都要与形形色色的人打交道，要面对各种各样的困难和挑战。如要我们不懂得控制自己的坏情绪，就很容易对自己的人际关系造成困扰，对自己的工作和生活造成很大的负面影响。

1965年9月7日，在美国纽约举行的世界台球冠军争夺赛中，刘易斯·福克斯以绝对优势将其他选手甩到身后，顺利进入决赛。接下来的决赛中，他的发挥也相当出色，已经胜利在望了，只要再得几分便可以稳拿冠军了。

可是，就在这时，一只苍蝇落在了主球上，于是他赶忙挥手将苍蝇赶走了。可是，当他再次俯身准备击球的时候，那只可恶的苍蝇又落到了主球上。在观众的笑声中，他再次起身去驱赶苍蝇。

随着那只苍蝇一次次地落在主球上，刘易斯·福克斯的情绪发生了一些变化，他开始因这只讨厌的苍蝇不断落到主球上而生气。更让他生气的是，那只苍蝇仿佛是有意要与他作对，只要他一回到球台准备击球，那只苍蝇就会重新落到主球上来。

终于，刘易斯·福克斯的情绪恶劣到了极点，他失去了理智，难以抑制的愤怒使得他突然用球杆去击打苍蝇，结果球杆触动了主球，裁判判他击球，他因此失去了一轮机会。

经过这一番折腾，刘易斯·福克斯一下子方寸大乱，在后来的比赛中连连失利，而他的对手约翰·迪瑞却愈战愈勇，迅速赶了上来并将其超越，最终赢了这场比赛。

第二天早上，人们在河里发现了刘易斯·福克斯的尸体，他投河自尽了！

因为坏情绪，刘易斯·福克斯失去了夺冠的机会，更因为坏情绪，他失去了宝贵的生命。一次失去理智的行为造成了如此得不偿失的后果，让人深感惋惜。如果当时他能控制好自己的情绪，而不是让坏情绪控制了自己，那么这种悲剧就不会发生。

这个故事表明，坏情绪对人们的负面影响远远超出我们的想象。所以，不要对坏情绪视而不见，听之任之，而要主动去学会控制和调节。

014　警惕踢猫效应

如今，生活节奏变得越来越快，人们的生活质量虽然越来越高，但同时面临的压力也是与日俱增。在如此大的压力下，人的神经经常处于紧张状态，就好像张满的弓弦，一旦出现裂纹就会崩断。而且，人的心理承受能力也变得十分脆弱，一遇到不顺心的小事，不良情绪就会像火山喷发一样，喷薄而出。更可怕的是，这种糟糕的情绪或者心情会像瘟疫一样在人群中迅速蔓延，一传十，十传百，其传播速度有时比病毒和细菌的传播速度还快。周围的人若不注意，很可能会引火上身。

某公司的一位董事长，一大早就和妻子吵架，然后负气上班，坐在办公室里还余怒未消。这时，恰好一位业务主管向他汇报工作，这位董事长极不耐烦地说："这点事自己都解决不了，我要你们干吗？"这位主管撞到了枪口上，悻悻地回到了办公室。正好，主管手下的一位办公室主任有事要请示他。主管也极不耐烦地说："这种事情还来找我解决？你们自己怎么不多动动脑子？自己想辙去！"这位办公室主任碰了一鼻子灰，感觉很沮丧。下班后回到家，儿子问他数学题，他气呼呼地说："就你事儿多，一边儿去！叫我清静会儿！"儿子莫名其妙地被父亲痛斥一顿，很委屈地走开，不料被自己一向很宠爱的小猫绊了一下。儿子正窝着火气没处发，冲着小猫狠狠地踢了一脚。

心理学家将这种典型的坏情绪传染现象称为踢猫效应，也称为踢猫理论。这个现象说明人的情绪是会相互传染的，不良情绪和心情会随着社会关系链条，由地位高的传向地位低的，由强者传向弱者，而处于最底端的弱小者便成了最终的牺牲品。

那么，这种情绪的传染是如何像瘟疫一样，一步步蔓延开来呢？俄亥俄州大学社会心理生理学家约翰·卡西波认为，人与人之间的情绪是会相互影响和传染的，看到别人表达某种情感，其他人会在潜意识里模仿对方的表情，内心产生相同的情绪体验。这就是为什么与乐观、快乐的人在一起，我们也会变得开朗许多，而跟悲观、抑郁的人在一起，我们的心情会不自觉地变得沉闷的原因所在了。

心理专家还做过这样一个简单的实验。研究者请一位善于表达情感的实验者和一位喜怒不形于色的实验者，分别写下当时自己心情，然后请他们相对而坐等候研究人员的到来。两分钟后，研究人员再次要求他们写下自己此刻的心情。重复几次后，结束实验。

实验结果发现，情绪不外露的实验者的情绪会受到善于表达情绪者的影响，每一次都是这样。

这个实验印证了之前约翰·卡西波的观点，即人会在无意识中模仿他人的情感表现，比如说对方的表情、手势、语气等，从而在心中重塑自己的情绪。

在认识到情绪具有传染性之后，我们就要重视它，利用正面的情绪，来克制、舒缓自己的负面情绪，以防自己成为踢猫效应的发起者，或者成为情绪传染链中的一环。总之，用理智来控制坏情绪，保持良好的心理状态，才不会成为坏情绪的感染者和传播者，这样你才能过上积极、健康、快乐又幸福的生活。

015　克制冲动，别逞一时之快

野牛和驴是好朋友，常常在一起玩耍、吃草。有一天，它们发现附近有一个很大的果园，里面的青草绿油油的，果树上还挂着很多未成熟的果实。于是，它们偷偷地潜入果园，尽情享受着里面美味的青草，还有树上的果实。此时，果园的主人并未发觉它们。饱餐一顿后，驴特别想高歌一曲，野牛对它说：“亲爱的朋友，看在上帝的份儿上，请暂时忍耐一下吧，等我们出了果园，你再唱吧。”

驴说：“可是，我现在真的特别想唱歌。作为朋友，你应该支持我才对！”

“但是，如果你唱了，果园的主人就会发现我们，那我们就跑不掉了！”

驴觉得野牛根本就不体谅它的心情，就说：“天下再也找不到比歌曲更美妙、更动人的了。可惜你对音乐一点悟性也没有，唉，我怎么会有你这样的朋友呢？”说完，驴自顾自地开始唱起歌来。

驴的歌声一起，果园主人立即发现了它们，并把它们逮起来了。

生活中有很多人就像这则寓言故事中的驴一样，一旦侥幸做成功了一件事，就开始盲目冲动，无法控制自己的情绪和欲望，结果搬起石头砸了自己的脚，不仅让自己置身于险境，还连累了朋友。

心理学家认为，冲动实际上是一种行为缺陷，是由外界刺激引起的、突然爆发、缺乏理智而带有盲目性、对后果缺乏清醒认识的行为，常常表现为感情用事、鲁莽行事，对行为的目的没有清醒的认识，不会对实施行为的可能性进行实事求是的分析，更不会对行为可能产生的后果形成一个理性的认识，结果往往因为一时的忘乎所以、盲目放纵而铸成大错。

冲动也是意志力薄弱的一种体现。冲动的人通常心理承受能力差，情感比较脆弱，常因为生活中的一点儿小事就大发脾气、大动干戈，甚至酿成大错。他们很可能因为父母、领导、朋友或者其他人的一句话而耿耿于怀，甚至产生轻生的念头；也可能因为学业和事业上遇到的挫折就开始心灰意冷，失去了活下去的勇气。

能够控制自己的情绪和行为，是一个人成熟、有教养的体现。正如英国著名文学家塞·约翰逊所说："人最重要的价值在于克制自己本能的冲动。"大多数成功的人，都能够做到对自己的情绪收放自如，他们虽然也会有情绪失控的时刻，但他们懂得在关键时刻悬崖勒马，控制住一时的冲动，让自己化险为夷。

在很多年前的一个夜晚，一个年轻人独自站在悬崖边，生活和事业上的不顺让他对生活失去了信心，他厌倦了人世间的艰辛和孤独，打算跳下去结束自己的生命。

就在他准备跳下去时，他突然隐隐约约听到了婴儿稚嫩的啼哭声。顿时，他感到一股前所未有的激动流遍全身，他意识到，如果就这么轻易地结束自己的生命，实在对不起父母的养育之恩，有愧于为人之子的道义。于是，他挣扎着，努力摆脱了轻生的冲动，循着声音寻找哭声的来源。

这位原本决心跳崖自杀的年轻人叫屠格涅夫，后来经过自己的努力，他成了俄国伟大的文学家。

在我们的工作和生活中，每个人都会有情绪冲动的时刻。冲动并不可怕，关键是要懂得如何将它控制住，排解掉，心理学家们给我们指出了两个方法。

方法1　调动理性的情绪，使自己冷静下来

当别人的言行刺激到你的情绪，使你忍不住想发脾气时，一定要强迫自己先冷静下来，分析一下事情的前因后果，试着从一个比较积极的角度看待人和事。比如说，有人总是找你的茬，挑你的毛病，你在反驳前应该理智地思考一下，自己是否真如对方所说。这样想，你就不至于发怒了。

方法2　转移注意力缓解冲动情绪

一个人的冲动情绪只需要几分钟就可以平息下来，但如果不能在这几分钟内有效地被控制住和转移，就会变得更加强烈。所以，感觉自己忍不住要发火时，有意识地转移话题，或者做点其他事情，比如说听歌、打球和散步等，分散一下注意力，可使愤怒的情绪得到缓解。

016　接受并体察你的情绪

有这样一个故事：

在一堂关于情绪管理的课堂上，吉里根老师让一个精通法语、英语、希伯来语和汉语的男孩，用一种大家都听不懂的语言向大家抱怨5分钟。男孩选择了法语。5分钟的抱怨结束后，老师对他说，自己的胸部很难受。这个男孩子也表示，他也感受到了自己胸部的难受。

吉里根老师让他带着胸部难受的知觉，再抱怨5分钟。结果，有趣的事情发生了，这个法国男孩子尝试了一会儿后，再也发不出抱怨了。

为什么我们总是抱怨这，抱怨那呢？心理学家分析，人们在向别人抱怨，传递负面信息时，其实是在逃避自己内在的痛苦。而内在的痛苦在得不到一个合适的发泄途径时，就会表现为身体上的不舒服，以此引起人的注意。当人们开始正视，并接受它的存在时，原本在体内动荡不安的不满、愤怒等情绪一下子就安静了下来，身体上的不舒服也就随之消失了。

所以，人的情绪虽然处于不断变动的状态中，但只要在控制情绪之前，先接受和体察自己的每一种情绪，就能真正地顺应内心，帮助内心回归平和。

古希腊有一位叫芝诺的哲学家。有人问他："谁是你朋友？"他回答说："另一个自我。"感知自己的内心，和"另一个自我"做朋友，首先就要学会接受并体察自己的情绪。不管面对多大的压力和挑战，无论有多少负面情绪汹涌而来，我们要做的都是先保持冷静，用自己的内心去体察它，感觉它，接纳它，然后才是去处理它，使它不再干扰我们。

体察情绪的第一步，就是要正视它。

负面情绪一旦产生，并不会凭空消失，如果你不敢正视它，而是一味地逃避和压制，可能会带来更坏的影响。既然挥之不去，不如正面迎击。

美国宾州大学心理学教授托马斯·波克在治疗慢性焦虑症时，要求患者每天必须抽出30分钟的时间在固定的地点去担忧自己平时担忧的事情。在这30分钟内，患者必须要全神贯注地担忧，而在30分钟之后，就要停止担忧，并告诉自己："我每天有固定的时间可以担忧，现在不必去担忧。"事实证明，这种方法对缓解忧虑情绪确实有着不错的效果。

第二步，采取逆向追溯法认识自己的情绪。

很多人的情绪化都产生于孩提时代。孩子很可能因为做错某件事、说错某句话而受到训斥，也可能因为淘气而受到处罚。这种孩提时代的情绪体验会深深地影响长大成人后的情绪状态。所以，我们可以顺着自己的心灵发展轨迹溯流而上，用当前的情绪去联想更多的情绪状态，慢慢回忆自己的各种情绪经历，并询问自己如果当时采取另外一种更恰当的情绪反应会是什么样。这样，人的心态会变得更加平和。

第三步，养成经常"自省"的习惯。

曾子曰："吾日三省吾身，为人谋而不忠乎？"意思是说，我一日多次反省自己，帮朋友办事是不是尽心尽力了呢？体察自己的情绪也一样。如果能够时时问问自己："我为什么这么做？我现在有什么感觉？"则有助于对自己的情绪有一个更加清楚的认识，也有助于理解和接受自己的错误，主动消除一些负面情绪的干扰，培养积极的情绪。

总之，人一定会有情绪，压抑情绪对个人的身心发展是极为不利的。所以，我们要学会接受和体察自己的情绪，勇敢地面对自己的情绪变化，这样我们才能将有限的精力投入到更多有意义的事情中去。

017 了解自身的情绪模式

我们会发现这样一种现象：如果对某人第一印象不好，那么下次见面时，即使对方表现得再好，也难以改变他原先在我们心中的印象。其实人的情绪也一样，一旦形成固定的模式，面对相同的事物时就会产生相同的情绪、思维和行动。

打个最简单的比方，某家餐馆新开张，你去过几次，发现里面不仅干净整洁，装潢也不错，最重要的菜的味道很好，服务态度也很周到，一顿饭吃得很愉快。于是，在接下来的一段时间里，你经常光顾那家餐馆，而且每次走进那家餐馆，你都能回想起第一次用餐时的愉快心情。这其实就是一个情绪模式的形成过程。

我们每天都要接触各种各样的人和事物，而且这些人和事物经常在我们的生活重复出现，那么，我们的头脑就会形成相应的情绪反应模式。这些情绪反应模式的形成都有一个固定的过程，概括起来就是“每当……时（受到外界刺激），我的心情就会……（情绪反应），结果我就会……（产生行为结果）”。

当一种情绪变成一种情绪模式后，就会具备以下几个特点：

第一，这种情绪模式的形成源于相同的刺激。置身于相同的情境，人就会产生相似的情绪，并且会导致相似的行为结果。

第二，情绪模式的形成并不是一次就完成的，而是经过多次相同的外界刺激才会形成。

第三，情绪模式的反应速度极具迅速，一旦形成，在遇到外界相同的刺激源时，会在“第一时间反应”，以人难以察觉的速度快速启动。

在情商理论中，有一个词语经常会被提到，那就是“情绪绑架”。所谓“情绪绑架”，是指情绪阻断逻辑思考中心（大脑）的思考，而强制引发本能反应行为的一种现象。

事实上，大多数人并没有经历过情商训练，他们很少有意识地去识别自己的情绪模式，更难以在推动目标的那一刻去权衡它的利和弊。所以，当刺激重复出现时，我们会被习惯的模式带动行为而不自知。因此，总有人抱怨：“我不知道当时我为什么那么生气，以至于做出那么傻的举动”，“我当时实在是忍不住才动手的，动作之快连我自己都感到吃惊”。像以上这些没有经过思考的行为就是一种不折不扣的“情绪绑架”。

我们了解自身的情绪模式，很重要的一点就是为了摆脱“情绪绑架”。不过，我们的情绪模式是经过日积月累而形成的，已经成了我们潜意识的一部分，要想客观地认识它并不是一件容易的事。不过，我们仍可以从以下几个方面去有意识地察觉自己的情绪变化及其引起的连锁反应，以及最终采取的行动，以此来进行识别。

第一，观察和分析自己的情绪变化。

有意识地去观察自身情绪的变化，及这种变化带来的后果和影响，并详细记录下来。根据情绪记录情况，分析引发情绪变化的根源在哪里，自己的行为反应是否恰当。如果结果是积极的，那么就要坚持下去，相反，如果是消极的，则要尽早扼制和消除。

第二，让身边的人捕捉自己的情绪变化。

由于情绪模式已经固化在我们的脑海当中，当它发生时，自己很可能意识不到。所以，你可以找家人或者较亲近的朋友沟通，请他们捕捉你在日常沟通中的面部表情、肢体动作等潜意识中流露出的情绪变化，并及时告诉你。你可以根据他人的描述客观地了解自己的情绪反应模式。

第三，通过专业的测试仪器或人员进行测试。

为了尽可能准确地了解自己的情绪模式，你还可以通过专业的情绪测试仪器或者咨询专家来解决。专家可以通过一些看似与情绪无关的问卷或者谈话，迅速而准确地找出你情绪模式中的病症所在，而且还会给你一些行之有效的改善建议。

018　掌握情绪的周期规律

科学研究发现，就如一年有四季变化一样，人的情绪也呈周期性地发生变化。一般以28天为一个周期，周而复始。每个周期的前一半时间为高潮期，后一半时间为低潮期。在高潮期内，人会感觉全身充满了能量，心情愉快，感情丰富，与人友善，做事认真，能够虚心接受他人的意见；在情绪低潮时，人则会感觉无精打采，心情低落，喜怒无常，容易急躁和发脾气，更听不进去别人的规劝。而在高潮期与低潮期之间，也就是由高潮向低潮或由低潮向高潮过渡的时间，称为临界期，一般是2至3天。人处于临界期时，情绪常常不稳定，机体各方面的协调性较差，容易发生突发事故。

所以，在处理工作任务时，我们可以根据情绪周期进行合理的安排，从而提高自己的工作效率。比如说，可以在情绪高涨时给自己安排一些难度大、较烦琐的任务；在情绪低落时，安排一些相对简单、轻松的任务；心情烦躁，无法静心工作时，不妨出去走一走，放松一下心情，或者找亲人和朋友倾诉一番，以寻求心理上的支持等，这些方式都有助于帮助我们安全地度过情绪危险期。

不过，这些都是建立在对自己的情绪状态有准确认识的基础上的。那么，我们怎样才能准确地计算出自己正处于情绪周期的哪个阶段呢？

方法1　准确计算法

先计算出自己的出生日到计算日的总天数（闰年多加一天），再计算出计算日的情绪值。用自己的出生日到计算日的总天数除以情绪周期28天，得出的数字就是你的计算日情绪值。

如果你的计算日情绪值的余数是0、4、28，那说明你的情绪正处于高潮或低潮的临界期；如果余数在0~14之间，说明此时你的情绪正处于高潮期，余数是7时情绪为最高点；余数在15~28之间，说明情绪正处于低潮期，余数是21时，情绪处于最低点。

方法2　推算法

如果你嫌准确计算法太烦琐，那么可以采取相对较为简便的推算法。做法是：在某个月的第一天，在纸上列出一个坐标系。纵坐标代表时间，写上1号、2号、3号……30号（或31号），横坐标则代表不同的情绪指数，包括兴高采烈、愉悦快乐、感觉不错、平平常常、感觉欠佳、伤心难过、焦虑沮丧。

每天睡觉之前，花几分钟时间回想一下自己当天的情绪，在横坐标与之相符的一栏作上标记。等到该月最后一天时，再把这些标记连接起来。坚持做几个月后，你就会惊奇而准确地知道，什么时候高潮将至，什么时候低潮将临。因此，在了解了自己的情绪变化周期后，你就可以预测自己的情绪变化，并相应地调整自己的行为。

在了解了情绪周期的计算方法后，我们再来看看男人和女人在一定的情绪周期内，会产生哪些不同的生理和心理变化。

女人的情绪周期与月经周期的变化是紧密相关的。通常，女性在经前的一个星期左右，身体会感觉不舒服，比如说容易疲倦，皮肤粗糙黯沉、头痛、肌肉关节痛、胸部胀痛、便秘、体重增加等，情绪也会变得沮丧，表现为神经质和爱发脾气。这种现象被称为“经前症候群”，其形成的原因多与体内的荷尔蒙变化有关。一旦体内的荷尔蒙出现了变化，就会马上影响到女性生理及心理上的改变。

男性的情绪周期与女性不一样，女性的周期与生理现象有关，而男性的周期与工作中的压力和生活中的挫折，以及身边发生的不愉快的事件有关，所以他们的反应主要体现在心理方面。比如说，在情绪高潮期，男人们会表现得精神焕发、谈笑风生，而到了情绪低潮期，则会感觉情绪低落、心情烦闷、不愿说话，只想静静地待一会儿，不希望有任何人打扰。等一段时间之后，他们又会和原来一样有说有笑，神清气爽。

掌握男女不同的情绪周期反应是十分有意义的，有助于帮助男女更好地沟通和交流，消除误解，增进感情。作为丈夫，对于妻子生理上的不适和情绪上的过激反应要多一些关心，理解和包容；妻子也要多理解丈夫偶尔的沉默和对自己的冷落，给他一些独处的空间，让他释放一下心中的压力。别担心，不用多久，他又会重新变成那个你熟悉的他。

019 掌控情绪的4个步骤

一个人的情绪对健康的影响是极大的。中医学认为，情绪反应过于剧烈，就会伤及脏腑安全。比如说，大喜会伤心，大怒会伤肝，过思会伤脾，多忧则伤肺，至恐则伤肾。现代医学研究也证明，人在生气、发怒时，身体会产生大量的自由基，所以，爱生气的人更容易衰老。可见，出于健康的考虑，合理地控制自己的情绪是很有必要的。

那么，我们该如何掌控自己的情绪呢？可以从以下4个步骤入手。

Step1 确认自己的真实感受

有时候人们往往会因为分不清自己的真实情绪，而承受不必要的苦恼。比如说，你与领导的意见产生了分歧，领导批评了你，你觉得愤愤不平。此时，如果你稍微让自己冷静一下，问问自己："此刻，我是什么样的感受？"如果直觉告诉你是愤怒，那再问问自己："我是真的觉得愤怒吗，还是其他？也许我只是因为得不到领导认可，又当众受了批评，面子上下不来台而已。"当你确认了内心的真实感受之后，那么愤怒的情绪就不会如原来那般强烈了。所以，当你觉得情绪快失去控制时，不妨扪心自问，针对自己的情绪提一些问题，一步步地分析引起情绪失控的原因，直到最终确认，那么就能降低所感受的情绪强度。

Step2 要相信自己能控制好自己的情绪

要克服不良情绪，首先就要对自己有信心。对于负面情绪，如果你不敢正视它，那么这种胆怯、不自信的情绪状态就会形成一定的情绪模式，以后每一次遇到相同的问题时，你都会陷入同一情绪体验中。举一个最简单的例子，一位销售员即将去拜访一位大客户，如果他首先就把对方想象成特别厉害、难缠的对手，与对方交流时表现得小心翼翼，畏首畏尾，那么他以后再与这位客户打交道时，情绪都会很紧张。所以，要想以后每一次面对相同的情况都能控制好自己的情绪，就必须对目前的做法有充足的信心。

Step3 以积极的情绪对抗负面情绪

人们常说“态度决定一切”，可以说，态度也决定了情绪。当你认为一切已无可挽回时，可能真的就走入死胡同了；如果你觉得前面一定还有路，没准再坚持走一段就豁然开朗了。所以，当你正在为某件事而苦恼时，与其一味地在负面情绪里自我沦陷，还不如积极地面对，想想如何才能尽快摆脱掉它，想想此刻你到底得怎么做才能使情况好转。比如说，你正在为某次面试不成功而耿耿于怀，情绪低落，不妨换个角度想想：“面试官一定是觉得我专业不对口才不录用我的，我相信以后一定还会有更适合自己的职位在等着自己！”这样一想，心情就会好很多。

Step4 主动出击，寻找合理的发泄渠道

情绪控制，绝不是压制情绪，而是指将过激的情绪反应控制在一定范围内，并通过合理的渠道发泄出去，以保持身心健康。生活中难免会遇到挫折和烦恼，人不可能永远都处于好的情绪中，心理再成熟的人也有消极情绪，只是他们更善于调节和控制自己的情绪。

那么，坏情绪来了，该如何发泄它呢？方法有很多，比如说当火气上来时，有意识地转移话题，或者做点别的事情，比如说通过打球、散步、爬山、听音乐等来分散一下注意力，将不愉快的情绪转移掉；遇到难过或委屈的事情，不要闷在心里，而是找知心的朋友或家人倾诉一番，将积郁在内心的不良情绪发泄出来；在遇到尴尬或者艰难的处境，幽上一默，不仅有助于消除不愉快的情绪，而且还会感染身边的人，给人带来欢乐和希望……

总之，我们要控制好自己的情绪，首先就要对自己的情绪有一个准确的界定，到底是愤怒还是不安，还是其他情绪？是什么原因引起的？搞清楚了这些之后，就要相信自己一定能克服它，用积极的情绪对抗它，并采取相应的方式将它发泄出去，这样才能将萦绕于心中的乌云尽快散去。

自控力测试3　你可以控制好自己的情绪吗

1.在你开着车的时候，忽然下起大雨，你会（　　）。

A.大怒，埋怨为何忽然下起雨

B.一般，感觉平常

C.开心，觉得忽然下起雨心情反而更开朗

2.烈日当空，开着车时在路上不小心与别人碰撞，你会（　　）。

A.大怒，骂别人一顿

B.不理会，继续走

C.下车向别人道歉

3.你的朋友或家里人大声骂你，你会（　　）。

A.愤怒、大声相骂

B.不理会，走开

C.平心向对方解释和解

4.在你很烦、很不开心的时候，你会（　　）。

A.和朋友或家里人相谈，讲出自己的烦恼

B.出外散散心

C.大怒，向周围的人或事物发泄

5.你不小心弄丢了一件自己很喜欢的衣服，你会（　　）。

A.平心吸取这次的教训，以后小心一些

B.恼闷，不开心

C.烦恼，向周围事物发泄

6.当你病了只可以躺在床上休养，而看见别人在外面玩得很开心或工作得很出色的时候，你会（　　）。

A.专心照料自己的病情

B.恼闷，不开心

C.烦躁不安，心里一直在埋怨自己的病

7.在你很开心与兴奋的时候，你会（　　）。

A.很得意，到处炫耀一通

B.当没有这回事

C.与你的朋友或家里人分享

8.当你想找一份工作而找了很久都还没有找到时，你会（　　）。

A.烦恼，躁乱，很心急

B.当没有这回事，继续找工作

C.积极思索自己的缺点，提高自己的能力，继续找工作

9.你的男（女）友做了一件事令你很不满意，你会（　　）。

A.心里很不开心，骂他（她）一顿

B.不理会，当事情没有发生

C.坦然指正，平心与对方相谈以和解

10.你做了一件事令你的男（女）友很不开心，你会（　　）。

A.道歉，尽量使对方开心

B.不理会，当事情没有发生

C.与他（她）反目

计分方法：

1、2、3、7、8、9题：A.0分；B.1分；C.3分

4、5、6、10题：A.3分；B.1分；C.0分

解析：

18分以下者，控制情绪的能力较差，心情容易受到外来事物的影响，情绪波动较大，经不起生活的考验，需要很好地加强锻炼与控制自己的情绪。

18~24分者，自我控制情绪的能力一般，对于一般的生活考验不成问题，但对于突发性的事情或需要较强心理承受力的事情，难以有效、正确地控制，还需要积极锻炼加以控制自己的情绪。

24分以上者，恭喜你，你的情绪管理能力较高，经得起生活的风浪考验。

第二节　学会对诱惑说“不”

020　为什么我们总是管不住自己

精神分析学家弗洛伊德认为：“人类是充满欲望并受欲望驱使的动物。”在欲望和诱惑面前，我们往往看不清自己，也很难把控住自己。我们都自诩是一个理智的、有自控力的人，可在这些欲望面前，仅有的一点自信顷刻间就能变得荡然无存。所以，我们一次次地作决定，行动却常常与愿望背道而驰：我们要控制过度消费，却在透支着信用卡；我们想要瘦身，却又自我安慰“吃饱了才有力气减肥”……

为什么我们总是难以控制自己的欲望？为什么我们总是身不由己？

心理学家米歇尔进行了一次“脸孔识别”实验，发现一个人对诱惑的敏感度会对他在抑制诱惑时的控制力产生很大的影响。

实验时，实验者给被试随机呈现一些男性和女性的面孔，要求他们对这些面孔的性别加以辨别，并通过按键来作出选择。实验的前半部分，实验者呈现给被试的图片都是没有表情的，后半部分呈现给被试的则是带有一定的表情的，有的是积极的表情，如高兴、快乐，也有些是消极的表情，如伤心、恐惧。

在整个实验过程中，实验者记录下每个被试按键的准确度。与此同时，实验者在整个实验中还使用功能性磁共振成像对两组被试大脑中跟自控力相关的神经系统进行了监控与观察。

最后，实验者对收集的数据进行对比研究发现，在实验的前半部分（即脸孔没有表情的实验部分），所有受试者按键的准确率没有差异；但到了实验的后半部分，自控能力相对较差的人比自控力较强者的错误率更高，特别是当脸孔表情带有积极情绪时，前者的错误率更高。

实验者接着对比观察了受试者们的神经活动图，发现当被试看到带有表情、有吸引力的脸孔时，自控力较强的受试者的大脑跟抑制冲动和自我控制的右前额叶脑回的活动十分活跃，其活跃程度远高于低延迟者此区的活动。而自控力较低者大脑中负责处理积极和奖励信号的腹侧纹状体部分比自控力较高者要活跃得多。

米歇尔分析实验结果时认为，自控力较强者与自控力较弱者在实验的前半部分按键的准确率几乎没有差别，这说明两者的反应水平是相当的。但在后半部分，两者的按键反应出现了差异，这表明两者在面对诱惑时的自我控制能力也存在差别。

分析两者的神经系统成像图又反映出，在面对具有吸引力的脸孔时，自控力强者的自我控制中枢非常活跃，这说明他们正通过意志力来抵制诱惑。而自控力较弱者的腹侧纹状体活动很活跃，这说明他们在面对诱惑时更兴奋，他们想的不是如何控制自己，而是要奖励自己。

米歇尔此次实验表明：不同的人对同一件东西的抵抗力不同，原因可能在于一个人对这样东西的敏感度不同。同样，一个人对不同的东西抵抗力不同，原因也在于他对不同的诱惑具有不同的敏感度。举个例子，香烟在烟民的眼中是充满诱惑力的，而对于不吸烟的人而言，这种诱惑会很低甚至完全没有。再比如，一个女人或许可以忍住美食的诱惑，但却抵抗不了漂亮衣服的诱惑。

总之，一个人越是敏感的东西，在产生诱惑的时候，就越难以抗拒。当面对一种诱惑时，你会十分兴奋，而且对于这种兴奋感你根本就无法抵抗或者压根都没想过要抵抗，那就表明你此刻对这种诱惑十分敏感。此时，在诱惑面前，你的自控力会变弱。因此，如果你想要摆脱某种诱惑的干扰，而你对这种诱惑又非常的敏感，那么最好的办法就是尽量避免让自己出现在这种诱惑面前，以免管不住自己。

021　在诱惑面前，提高警惕

在我们周围，诱惑是随处可见的，功名利禄、金钱美色，可谓五花八门。在诱惑面前，大多数人只看到了它光鲜的外表，而看不到藏在外表下的险恶。就像鱼儿只看到鱼饵的美味，机灵的老鼠只看到木板上的佳肴，却未曾想到美味后的银钩和佳肴下暗藏的钢夹一样，只顾一股脑儿地钻进去，却没想过其中暗藏的凶险。

太平洋不拉斯岛蔚蓝色的海底，原本是一个安谧平静的世界，生活在那里的鱼类彼此和平相处，互不侵犯。但在深海的一隅，有一块巨大的魔方石。无论什么鱼种，只要游到魔方石附近，就会像着了魔一样，性情变得十分凶悍，常常与其他鱼类发生激烈的冲突。

到底是什么扰乱了这些鱼的心智呢？生物学家通过研究发现，原来魔方石本身有一种吸附力，会把一些小鱼吸附在石壁上。这些小鱼经过氧化，会变成一种十分可口的食物。

不仅如此，魔方石的石缝中有一股股温暖的泉水涌出，里面还藏有许多洞穴，可以做窝。更神奇的是，石头的表面还分布着一种可以发光的水晶石。这种水晶石对鱼的刺激很大，可以使它们兴奋起来。因此，鱼儿们只要游到魔方石附近，便会产生一种强烈的占有欲，有的希望在那里获得美味的食物，有的希望能居住在魔方石的洞穴里，有的甚至想把魔方石永远占为己有。在利益的驱使下，鱼儿们便失去了理智，变得异常的凶残，不顾生死而互相争夺领地。

我们生活的世界，纷繁复杂，到处都充斥着像魔方石这样的诱惑。在诱惑面前，如果不能保持足够的警惕性和自制力，就会沦为欲望的俘虏，甚至自断前程。

春秋战国时期，鲁国的宰相公孙仪非常喜欢吃鱼，经常有人争先恐后地给他送鱼，可每次都被挡在门外。

他的学生有些不解，问道："先生，你这么喜欢吃鱼，别人把鱼送上门来，为何又不要了呢？"

公孙仪回答说："正因为我喜欢吃鱼，所以才不能随便收下别人送的鱼。如果我经常收别人送的鱼，就会背上徇私受贿之罪，说不定哪天我的相国职务就会被免去，到那时，我这个喜欢吃鱼的人就不能常常有鱼吃了。现在我廉洁奉公，不接受别人的贿赂，鲁君就不会随随便便地免掉我的相国职务，只要不免掉我的职务，我就能常常有鱼吃了。"

可见，公孙仪是一个在欲望面前保持高度警惕和理智的人。他明白要想经常吃到鱼，就要有拒绝别人送来的鱼的勇气。同样，我们要远离诱惑，就要有拒绝诱惑的勇气和决心。

那么，在诱惑面前，我们该如何做呢？

首先，我们要保持一颗平常心。"不以物喜，不以己悲。"抱着平常心看待周围的一切，就会减少许多计较和纷争。当我们把某件事物看得不那么重的时候，它对我们产生的诱惑力自然就下降了。所以，如果不想被诱惑，就要以平常心看待它。

其次，利用积极的暗示远离诱惑。在诱惑面前，可以用一些积极的暗示来告诫自己诱惑的害处，让自己远离诱惑。比如说，可以告诉自己："这件事我不能做，做了会……""哼，你别想引诱我上钩，我才不会上当的""我是不会被诱惑打败的"等。这些充满积极能量的暗示语可以帮助我们坚持抵制诱惑的决心和毅力。

022 远离诱惑过多的环境

中国有句古话叫"近朱者赤，近墨者黑"，这句话虽然有些绝对，但也足以说明环境对一个人的深刻影响。环境对人的影响力不光体现在品行培养和个性发展上，还会对一个人的自制能力产生重大作用。

和欲望一样，环境总在无形中"引诱"着人们的思想、行为和情绪，支配着人们采取某种行动。在某些特定环境的影响下，人们常常抵挡不住外界的诱惑，做出一些自己都无法预料的事情。比如说，夏天来了，你打算买一件衬衫，可当你走进一家商场，看见促销广告上写着"满300元返150元"时，为了凑够300元，结果你买了许多其他预料之外的东西。等你一脚踏出商场大门时，你会发现，原来你的自控力早已消失得无影无踪了。

环境对一个人的自控力会产生怎样的影响呢？英国的心理学家们为了解开这个疑问，曾在圣诞节时进行了一项这样的实验。

实验共邀请了30名被试。心理学家将这30名被试安置在不同类型的“圣诞场景”组合的房间内，请被试根据他们所感受到的节日气氛对场景组合进行打分（满分为10分）。

结果，心理学家得到以下这组数据：

烛光、圣歌和桂花酒的组合得分为7.3分。

烛光、圣歌和橙子的组合得分为6.2分。

烛光、古典音乐和圣诞枞树组合得分为2.95分。

接着，心理学家改变了房间的布置，并在每个房间内放置数量相同的圣饼。

第一个房间里点上蜡烛，放着圣歌，飘着桂花酒香。

第二个房间里也点上蜡烛，播放着古典音乐，飘着圣诞枞树的味道。

10分钟后，心理学家发现，第一个房间内的圣饼被吃掉20个，而第二个房间内的圣饼仅被吃掉了13个。

这个实验表明，特定的氛围和情景会影响一个人的自制力，使人表现出与环境相符合的行为和情绪。也就是说，在不同的环境下，人对诱惑的抵抗能力是不同的。

环境对人的诱惑，有的是有利的，可以激发人的好奇心和上进心；但也些诱惑是不利的，总是使人做出一些违背本意、违反道德法律的事情。而对于不利的诱惑，我们要想彻底摆脱它，最好的办法就是远离它。

某家公司打算高薪雇佣一名货车司机，经过层层筛选之后，只剩下三名技术最优良的竞争者。主考官问他们：“悬崖边有块金子，你们开着车去拿，觉得能距离悬崖多近而又不至于掉落呢？”“二米。”第一位说。“半米。”

第二位很有把握地说。“我会尽量远离悬崖，愈远愈好。”第三位说。

结果这家公司录取了第三位。

面对各种诱惑，我们要量力而行，如果自知没有抵御诱惑的能力，退后一步，离开诱惑的环境，也不失为明智之举。第一位和第二位竞争者之所以失败就在于他只看到了金钱的诱惑，而忽略了作为一名司机最重要的职业操守——安全第一，结果掉入了主考官设置的陷阱，失去了竞争的机会。而第三位竞争者无疑是理智的，他深知，作为一名司机，在安全和金钱面前，前者更为重要，而这正是主考官想要的答案，所以他通过了测试。

荀子说：“人生而有欲。”每个人都有七情六欲，人的欲望总是会受到环境因素的影响。因此，要想彻底摆脱各种不良诱惑的纠缠，就要主动远离诱惑的环境，尽量减少自己面临诱惑的机会，这样才能使我们更加坚定地抵制诱惑。

023　不切实际的欲望只能徒增烦恼

俗话说：“人心比天高，欲望比海深。”人的欲望是无止境的，它总是以各种面目出现在我们的面前，比如说金钱、权利、名利等。“欲望”之所以被称为“欲望”，说明它本不存在于你的现实中。如果你苦苦追寻，而又忽略现实，那你注定是要失败的。这就好像要爬上高高的苹果树上去摘苹果必须借助梯子，而梯子必须稳稳地放在地上。否则，我们就会面临被摔在地上的危险。

所以，一切脱离实际“土壤”的欲望都会像泡沫，看起来五光十色，绚丽夺目，却终究会幻灭。

其实，不切实际的欲望，就像是脱离了现实所在的幻想，是一种期冀，一种对未来所寄予的美好希望，即便我们向着这样的目标努力，也都是在白费力气。所以，在制定目标之前，一定要清楚自己的实力所在，不做徒劳的努力。

很多人或许还记得前几年日本索尼公司进军美国好莱坞的教训。当时，索尼公司怀揣着美好的梦想进入了好莱坞，由于他们开展的业务与计算机一点关联都没有，制作电影的经验和技术也十分有限，索尼公司在好莱坞的发展受到很大的限制，最后，他们不得不以悲惨的结局收场。

所以，认不清自己的实力，仅凭看似美丽的梦想就去行动，结局多数会以失败而告终。其实，有梦想是好事，这代表一个人或者一个团体有志向、有追求，但如果梦想的内容偏离了实际的轨道，就成了幻想、空想，就像空中楼阁一般，注定会幻灭。只有从现实出发，尊重客观事实，脚踏实地地去努力，去追求，才有可能实现自身的伟大抱负。

相比索尼公司，比尔·盖茨的做法就明智多了。在微软公司发展之初，比尔·盖茨一直坚守一个信念，就是只把软件作为公司的主攻方向，他曾说过：“做生意要量力而行，我们不能做公司能力范围以外的生意。”

时至今日，比尔·盖茨的微软公司也不像其他公司一样，在成名发家之后就把自己公司的业务拓展到了各行各业。无论面临多大的诱惑，也不管投资专家们如何劝诱，比尔·盖茨在这一点上始终没有动摇过。他说：“我们认为我们在软件领域有足够的发展机遇，你不会看到我们去并购一家咨询公司，我们也不会涉猎芯片的业务。”

正是由于比尔·盖茨这种脚踏实地的作风，微软公司才一步步地发展起来，成为全球IT行业的龙头老大。比尔·盖茨非常清楚微软公司应该朝着哪个方向走，需要实现什么样的目标，他也十分明白“术业有专攻”的道理，所以，他一心在自己熟悉的领域做大做强，而没有像索尼一样盲目地扩大规模，最终失去了自我。

从自我的需求出发，从最客观的实际出发，这便是微软成功的第一条经验。对我们来说，放弃不切实际的幻想，把自己拉回到现实之中，这是取得成功的首要前提。

幻想和现实之间永远隔着一条大河，不管你的想法多么美好，如果脱离了实际，就算付出再大的努力，你也跨不过这条“大河”。既然跨不过，反倒不如在“大河”的这边，在现实生活中脚踏实地，一步一个脚印地做自己能做的事、擅长的事，这样才会离目标越来越近。

024　给自己的欲望减减仓

上帝为了考验两个人能否成为神，给了他们一人一只背篓，让他们徒步到达某地。两人高高兴兴地上路了。

在途中，第一个人把沿途看到的所有漂亮的石块、贝壳都装进了自己的背篓，他装呀装呀，累得满头大汗，也不愿意把背篓中的石块倒掉一些，硬是背着沉甸甸的背篓，像老牛拉车一般到达了终点。上帝问：“你获得了什么？”这个人指指背篓。上帝无语，又给了他一只背篓。这个人又开始了新的轮回。

第二个人，他知道自己的力量有限，所以，在沿途中，他只选择了属于自己的石块，不属于自己的，尽管看起来再漂亮，再光彩夺目，他都不为所动。所以，他一点也不觉得身上的背篓很重，他心情愉快地欣赏着沿途的风景，感叹着生命的快乐和意义。到了终点，上帝问他："你获得了什么？"他回答说："我拿到了属于我的东西，同时，我发现原来生命如此之美。"上帝满意地笑了笑，给了他一双翅膀，说："你懂得了拒绝和获得，你拒绝了不属于你的，获得了快乐，你已经明白了快乐的意义，可以做神了。"于是，第二个人插上了翅膀，成为了神。

生命的意义在于快乐，追求过多的欲望其实是在透支生命的快乐，当人被过多的欲望蒙蔽了双眼时，就会陷入无止境的烦恼、劳累和困苦中。故事中的背篓就像人心，背篓的容量是有限的，同样每个人心中的欲望也只能装那么多，超过了人心所承受的重量，那么它给人带来的就不再是快乐，而是负担。

佛学中认为欲望本是一种苦，人生之所以苦短，根源就在于人们追求的各种欲望得不到满足，所以感到伤心、痛苦、难过、纠结。有这样一个佛学故事，相信能给你一些启发。

一人问方丈："欲望是什么？"方丈微笑不语，只吩咐他一日不吃不喝。第二天，方丈带着已饿得头晕眼花的他去了山后果林，叫他装满两大筐苹果，只要能带回，都给他食用。这个人摘了满满两大筐苹果，搬回了寺院，然后开始狼吞虎咽。等他吃饱了，再也吃不动时，方丈指着剩余的苹果，对他说："这些你千辛万苦背回来却没有被你吃下去的苹果有什么用呢？"这人才恍然大悟。原来他需要只是那几个足够充饥的苹果而已，剩余的就是欲望，就是累赘，也是人生苦的源头。

实际上，人真正需要的、能用上的并不多。饥饿时，有几个能充饥的果子，口渴时能取一瓢饮，冻得发抖时有一件御寒的衣服……然而，俗话说得好：“人心不足蛇吞象”，人心总是贪婪的，在欲望没有得到满足时，总幻想着拥有的越多越好。殊不知欲望和痛苦是成正比的，你追求的、拥有的越多，你付出的代价就越大。

年轻时候的艾莎比较贪心，什么都追求最好的，拼了命想抓住每一次机会。有一段时间，她手上同时拥有13个广播节目，每天忙得昏天暗地，她形容自己：“简直累得跟狗一样！”

然而，事业是做得风生水起，可伴随的压力也越来越大。到了后来，艾莎发觉自己梦寐以求想拥有的东西并没有给她带来更多乐趣，反而成了一种沉重的负担，这让她感觉越来越不安。

1995年，“灾难”发生了。她独资经营的传播公司日益亏损，交往了七年的男友也和她分手了……一连串的打击袭来，在极度沮丧的时候，她甚至考虑过结束自己的生命。

在面临崩溃之际，她向一位朋友求助：“如果我把公司关掉，我不知道我还能做什么。”朋友沉吟片刻回答：“你什么都能做，别忘了，当初我们都是从零开始的！”这句话让她恍然大悟：“是啊！我们本来就是一无所有，既然如此，又有什么好怕的呢？”想到这里，她决定重新振作起来。没想到在短短半个月之内，她连续接到两笔很大的业务，濒临倒闭的公司起死回生，又重新运转了起来。

经历了人生这番起伏后，艾莎体悟到了人生无常的一面，费尽心机去强求的东西，虽然勉强得到，但最后留也留不住；反而当自己从头开始，却随之拥有了更大的能量。从此，她学会了舍。为了简化生活，她谢绝了应酬，搬离了150平方米的大房子，索性以公司为家，挤在一个10平方米不到的空间，淘汰不必要的家当，只留下一张床、一张小茶几，还有两只狗给自己做伴。

艾莎这才发现，原来一个人需要的其实那么有限，许多附加的东西只是徒增无谓的负担而已。

其实，人的欲望就像树一样，长得再快，达到一定高度也会停止生长。科学家发现，树长得再高，也只能长到122米~130米的高度，超过了这个高度，哪怕再长1厘米，都可能轰然倒塌。不是营养输送不上去，而是自身的根部支撑不起那么人的身躯。就像树一样，人的欲望也是有限度的，不可能无限长高，无限膨胀，否则，欲望那沉重的负担，就会折断一个人，压垮一个人甚至摧毁一个人。所以，当你被太多的欲求压得喘不过气来时，就要学会作生活的减法，把不必要的繁杂除去，让自己过上轻松、自在、快乐的生活。

025　可以有欲望，但不能太贪婪

关于克制欲望，林则徐说过一句至理名言："壁立千仞，无欲则刚。"意思是说，峭壁之所以能巍然屹立，是因为它没有世俗的欲望；而人若能做到清心寡欲，淡泊明志，才能像峭壁一样，不怕乌云翻卷，不怕雨暴风狂，挺立世间，永不摧折。

在生活中，真正做到无欲无求的人有多少呢？每个人都有自己的欲望，希望自己的个子再高一点，身材再好一点，房子再大一点，工作再顺利一点，工资再高一点，官再大一点，妻子再漂亮一点，孩子再聪明一点……这些欲望都是人之常情，是无可厚非的，但是如果把这种欲望变成不正当的追求，变成无止境的贪婪，人就会沦为欲望的奴隶。人一旦被贪欲蒙蔽了双眼，他的心灵就会渐渐变得扭曲，会变得不知足，会忌妒、吝啬、猜疑，会慢慢迷失自我，痛苦纠结，却不得要领；会百般挣扎，却越陷越深，甚至跌入万劫不复的深渊。

星云大师曾讲过这样一则故事，以告诫人们要学会控制自己的贪欲。

一天傍晚，两个很要好的朋友在林中散步。这时，有位小和尚惊慌失措地从林中跑出来，两个人见状，就拉住小和尚问："小和尚，你为什么如此惊慌，发生了什么事情？"

小和尚忐忑不安地说："我正在移栽一棵小树，却发现了一坛金子。"

这两人听后感到好笑，说："挖出金子有什么可怕的，你真是太好笑了。"然后，他们就问："你在哪里发现的，告诉我们，我们不怕。"

小和尚说："你们还是不要去了，那东西会吃人的。"

这两人哈哈大笑，异口同声地说："我们不怕，你告诉我们它在哪里。"

于是，小和尚只好告诉他们金子的具体地点。两个人知道后，飞快地跑进树林，果然找到了金子，好大的一坛黄金！

一个人说："我们如果现在把金子运回去不太安全，还是等到天黑以后吧。这样吧，现在我留在这里看着，你先回去拿点饭菜，我们在这里吃了饭，等到半夜的时候再把黄金运回去。"于是，另一个人回去取饭菜去了。

留下来的这个人心想："如果这些黄金都归我，该有多好，等他回来，我一棒子打死他，这些黄金不就都归我了吗？"回去的人也在想："我回去之后先吃饱饭，然后再在带给他的饭里下点毒，他一死，金子就都归我了。"

没多久，回去的人提着饭菜回来了，他刚到树林就被另一个人用木棒打死了，然后那个人拿起饭菜吃了起来，没过多久，他的肚子就像被火烧一样，剧烈疼痛，这才知道自己中毒了。临死前，他想起了小和尚的话，他想：“小和尚的话真对啊，我当初怎么就不明白呢？我们如果听了小和尚的话就不会这样了，这又何必呢？”

这世界上，越是诱人的东西，往往蕴藏的危险越大。它们就像是漂亮的罂粟花，你越被它的娇艳的表象吸引，就越容易忽略它散发出的危险气息，那是一种让你永远身心疲惫，永远感受不到幸福的毒药。一旦沾染上了它，就再难以摆脱它的折磨。

金钱无疑是诱人的，但世人皆只看到它万能的一面，而忽略了它也可以是邪恶的化身。故事中的两个人都想要独占这坛金子，以至互相猜忌，暗算，最后却谁也没得到，反而失去了性命，实在是得不偿失啊。

在当今社会，人人都渴望获得财富，但“君子爱财，取之有道”，要成就自己的财富人生，满足我们的财富欲望，就不能偷奸耍滑，走歪门邪道，而要靠诚信的品德、过人智慧和勤劳的双手，自己去努力、去创造，这样的人才值得别人的尊敬和信赖。

不光是财富，其他方面，诸如对事业的追求，对权势、地位的渴望等，亦是如此。我们并不是要排斥欲望，也正因为有各种各样的需求，才会催人奋进，才能告别过去，迎来崭新的人生。但是，我们一定要学会将欲望控制在合理、合法的范围内，如果一味放纵自己的欲望而不加以约束，为了达到目的不择手段，那就变成了贪婪，是可悲的、可耻的。那样的人，即使获得再大的成功，拥有再多的财富，权势地位再高，也无法体会幸福人生的真谛。

026　不要被名利牵着鼻子走

古人云：“天下熙熙，皆为利来；天下攘攘，皆为利往。”与“利”相伴的还有“名”。“名”和“利”就像孪生兄弟一样，从没分过家。在这个世界上，真正淡泊名利的人不是没有，只能说是屈指可数。大部分的人，上至高官巨贾，下至平民百姓，都很难拒绝名利的诱惑。

“名利”二字虽然听起来有些俗气，但只要活着，就是人人都无法回避的问题。比如说，人的日常生活，吃、穿、住、用、行样样离不开物质条件，少了“利”人们将无法过上衣食无忧的生活；每个人都希望自己的人生是有价值的，希望通过自己的努力付出获得他人的认可和称赞，所以“名”也是不可或缺的。但是我们要把握好一个度，总要适可而止，不要让贪欲牵着鼻子走。

从前，有一个爱幻想的年轻人。有一天，他听说有一个叫名利的姑娘生得十分漂亮，谁要是娶到她就是天下最幸福的人。从此，他在心里就迷上了名利。他发誓，即使花上一生的时间，也要找到她。

他首先到那些充满智慧和哲理的书籍中去寻找名利，结果发现这些哲理书无一例外地对名利持否定、批判的态度——名利不在书本里。

他又去宗教里找名利，但是宗教宣称，许多幸福，也包括名利在内，都是一个人在死后才能得到的，而活着的时候是应该舍弃的。这也不是他想要的结果。

他决定去大千世界寻找。他每到一地方，就问：“你们知道名利吗？她在这里吗？”每次人们都回答他：“名利？是的，她来过这里。不过那是很久以前的事情了。她后来又走了，没有人知道她去了哪里。”就这样，他用了许多年，找了许多地方，可是每次都得到同样的答复。

失望之下，他转向了大自然。他问绿树、高山、森林和海洋，还问小鸟、鱼儿、走兽和昆虫：“你们知道名利吗？她在这里吗？”然而回答依然令他失望：“名利？是的，她来过这里。不过那是很久以前的事情了。她后来又走了。”

很多年过去了，当初的那个年轻人已经慢慢变成了一个老头，但他还在努力地寻找名利。最后，他来到世界的尽头，那儿有一个黑暗的山洞。老人进了山洞。等到眼睛适应了黑暗之后，他发现山洞里有一个又老又丑的妇人。一个声音告诉他，眼前的这个老妇人就是名利。

虽然非常失望，但他还是凑到她的跟前问她：“我一直在到处找你，开始时我还是个年轻人，现在我已经完全老了。许多人都像我一样盼望着你，对你翘首以待。为什么你总是躲着我们，躲着这些热切追求你的人呢？求求你了，走出这个山洞，和我一起回到世界上去吧。”名利没有回答他。

老人花了许多天来劝说名利，可名利像哑了一样，始终不搭理他。当老人明白名利从未离开过她隐身的这个山洞之后，他说：“那算了，由你去吧。既然你不肯跟我一起走，那我就一个人回去了。但在走之前，我有一个要求：你得给我一个口信，让我将它转达给世上的人，好证明我确实找到过你。”这时，这个叫“名利”的又老又丑的妇人，抬起头来，盯着老人的眼睛，一字一顿地说：“告诉他们，我年轻而且漂亮。”

故事中，年轻人一辈子都在寻找年轻且漂亮的“名利”，可历经千辛万苦，总算找到了，却是一个又老又丑的老太太。现实生活中，有不少这样的人，在名利尚未得到时，把“她”想得千般美好、万般妖娆，为得到“她”不惜不择手段，无所不用其极，把它当作生命的支柱而孜孜追求；待得到名利后，又开始战战兢兢，如履薄冰，唯恐哪天又失去“她”；当名利最终从他身边悄然溜走时，又因为无法留住“她”而身心憔悴，未老先衰。这些人宁愿忍受这非人的折磨，也无法学会“放下”，活在当下。

人们常说：“不为物累，才能超然物外。”名利也是一样。面对名利的诱惑，你要学会控制自已的欲望，做到重视它，但不过分热衷于它，这样，你才能不为名利所奴役，也不会被它牵着鼻子走。

027 缓解压力，减少诱惑的吸引力

我们生活在现实世界中，必然会遭遇各种各样的压力：学业上的压力，生活上的压力，工作上的压力，人际关系方面的压力……总之，有人的地方，就必定会有压力，即使一个人生活在荒芜的孤岛上，也要面临生存的压力。美国的成功学家拿破仑·希尔曾作过一项民意调查，发现有43种生活中的事情会给人带来压力，比如说失业、失恋、疾病、贫困等。

心理学家们普遍认为，人承受的压力大小会直接影响一个人的自我控制能力。当人们感觉到压力时，位于大脑底部的下丘脑会迅速作出反应，并诱导脑垂体和肾上腺分泌一些激素。这些激素会使人心跳加快，血压升高，食欲降低。与此同时，位于头部前额，作为控制中心的前额叶皮质层协调注意力、判断力、洞察力、计划和决策力等的能力都会有所下降，也就是说人在面临压力时，自我控力也在减弱。

所以，当巨大的压力袭来时，人抵抗诱惑的能力会降低，从而发生一些失控的情况。比如，当人感觉到烦恼、焦虑时，就可能对一些垃圾食品来者不拒，结果摄入大量高脂肪、高热量的食物，造成脂肪堆积，体重上升；有些

人抵御不了灯红酒绿的诱惑，经常出入一些娱乐场所，放纵自己，结果越陷越深……如果我们不想被压力打倒，也不想被失控的情绪左右，那么，学会减轻自己的压力，提高抵御外界诱惑的能力，是一种不错的解决问题的办法。

那么，我们该如何正确看待压力，又该如何舒缓压力呢？有一个故事，相信会给你一些启发。

课堂上，一位教授正在向他的听众们讲述如何正确对待压力。

他举起一杯水，问道："这杯水有多重？"

有的说20克，有的说100克，有的则说500克，回答各异。

"其实具体多重并非关键，关键在于你举杯的时间。如果你举了1分钟，即便杯子重500克也不是问题；如果你举杯1个小时，20克的杯子也会让你手臂酸痛；如果举杯1天，恐怕就需要叫救护车了。同一个杯子，举的时间越长，它会变得越重。"

教授接着说："倘若我们总是将压力扛在肩上，压力就像水杯一样，会变得越来越重。早晚有一天，我们将不堪其重。正确的做法是，放下水杯，休息一下，以便再次举起它。"

可见，对待压力最好的办法就是先放下它，让自己放松一下，这样我们才能更好地焕发精神，接受挑战。

很多生活在镁光灯下的名人们，他们虽然拥有很高的知名度和社会影响力，但同时面临的压力也是常人难以想象的。他们既要努力做好自己的本职工作，努力维持良好的公众形象，还要忍受观众拿着高倍放大镜时时刻刻对其进行检视，甚至还要忍受观众的误解和谩骂，没有强大的抗压能力是不行的。

在如何缓解压力方面，知名新闻主持人白岩松很有自己的见解。有一次，鲁豫采访白岩松时，问他：“面对高强度的工作压力，你是如何应对的？”白岩松道出了他的秘诀：“学会关门。”

作为一个知名主持人，需要接受来自各方面的评论和非议，今天或许在大众的眼里你是“民族脊梁”，明天就可能一下子成为“卖国贼”。白岩松认为，这样的工作环境中，如果不能把问题看淡，天天活在别人的舌头里，将是件十分可怕的事。所以，作为主持人必须要学会“关门”，如果没有一扇“门”把自己关上，那就会什么都做不成。所以，每次新闻播报结束后，他都会把与工作有关的事情都关在心门之外，外面的一切都暂时与自己没有关系。在工作时，他一丝不苟，全力以赴；工作外的他，自在惬意，干自己想干的事，逛街、旅游、看电影、喝咖啡……总之怎么放松怎么来。

白岩松是一个说话直率、一针见血的人，因此招来的非议也很多。他之所以能够顶住外面的流言蜚语，活得潇洒自在，正是因为他懂得关门，将压力阻挡在自己的心门之外。

其实，不管是教授所说的“放下”，还是白岩松的“关门”，都有一个共同点，那就是学会放松自己。放松自己的办法有很多，比如说静静地坐一会儿，喝杯茶，听首歌，散散步，看场电影等，这些都是舒缓压力的好方法。当我们的压力通过这些健康的途径发泄出来时，那些致命的诱惑以及其他导致我们失控的因素也就算不上什么了。

自控力测试4　你抗诱惑的能力有多强

在编辑部的某次抽奖活动中，你和调皮的弟弟被抽中为幸运读者，可以有机会参与一次编辑、读者和作者的聚会活动，这时你会打算怎么做：

1.最近虽然工作比较忙碌，但是参与这次活动的时间还是能挤出来的，你会（　　）。

A.认为这是无用的消遣，顺手把邀请函放在一边，不再理会（跳转至第2题）

B.认为这是无用的消遣，但会把邀请函拿回家给弟弟，问他去不去（跳转至第2题）

C.想去，但不愿意因此改变自己的既定日程，询问弟弟的意见（跳转至第2题）

D.很愉快地决定和弟弟一起去（跳转至第3题）

2.你回到家后，弟弟已经知道了这个消息。但是弟弟年龄小，又很调皮，你心里暗自觉得（　　）。

A.不放心让弟弟去，如果他真要去，我一定要阻止（答案A）

B.他要去也行，但我也不得不跟去了，否则不放心（跳转至第3题）

C.他要去也行，但他必须遵守我定的规矩（跳转至第6题）

D.他自己的事情自己看着办吧，去不去和我没关系（答案D）

3.无论如何，弟弟还是决定去，出发前，你们决定去买些旅途用品，你会（　　）。

A.和弟弟一起去商店，细细挑选（跳转至第4题）

B.把弟弟的需求记下来，自己去商店，细细挑选（跳转至第6题）

C.让弟弟一个人去商店挑选，叮嘱他一些注意事项（跳转至第4题）

D.我一向讲究效率，弟弟需要什么我都知道，于是自己去商店，飞快地

挑选（答案A）

4.在聚会上，你发现一位你很喜欢的作者也在邀请之列，你很想与其结识。于是你偷偷在签到簿上找到了他的联系方式，刚准备打过去，但被人阻止了。那人建议你最好请编辑引见，你觉得（　　）。

A.自己贸然致电确实冒昧，于是很高兴地采纳他的建议，并对他表示感谢（答案D）

B.自己贸然致电确实冒昧，表面上拒绝他的建议，然后偷偷按他的话去做（跳转至第5题）

C.自己贸然致电确实冒昧，但依然我行我素（跳转至第6题）

D.我的做法没错，根本不理会他的建议（答案A）

5.你终于认识了那位作者，且相谈甚欢。这个城市正在上演一场很好的音乐会，她请你一起去听，你会（　　）。

A.你看了看这次活动的日程安排，发现音乐会在日程之外，决定不去（答案A）

B.你看了看这次活动的日程安排，发现音乐会在日程之外，但还是马上决定去（答案B）

C.你看了看这次活动的日程安排，发现音乐会在日程之外，犹豫不决（跳转至第6题）

D.你看都不看这次活动的日程安排，就决定和她一起去（答案D）

6.后来，你去观看了一场很特别的童话主题音乐会，旁白报幕说："人鱼公主决定以最美的音乐来打动王子。"你觉得人鱼公主会带着竖琴出场，但她却拿着小提琴，你认为（　　）。

A.越看越别扭，并告诉同伴关于乐器的知识（答案A）

B.看着别扭，心底暗自鄙视音乐会的导演，但没说什么（答案B）

C.小提琴？虽然和童话里不一样，但很新颖（答案C）

D.无所谓吧？乐器而已，拿什么都一样（答案D）

测试解析

A　你对欲望的控制超强，甚至到了有些畸形的地步。你总想尽力去做好每一件事，不愿意将时间花在“无用的”消遣上，你常常要求别人按照你的思维方式去做事，你会发现自己很难放松下来，思维一刻也不能停息。实际上，生活有些事情不是人为就能控制好的，所以，不妨试着改变自己的态度，有时放手比控制更有效。

B　你很可能是控制欲很强烈的人。你总是希望一切都在你的控制之下，不甘心接受一些既定的事实，但有些事情往往超出你的控制之外，这会让你产生某些敌对和厌恶的情绪。这种情绪对你的身心是不利的，只会让你感觉更压抑。所以，试着让自己放松一点，舒缓一下心中的负面情绪。

C　你对欲望有一定的控制能力。能够控制自己的言行和情绪，这让你产生小小的成就感，这对你来说是一件好事。但需要注意的是，不要让自己过分沉溺于“控制欲引发的成就感”，否则将不利于你的身心健康。

D　你对欲望的控制能力不强，常被人牵着鼻子走。你甚至从没有想过该如何控制自己的欲望，自控能力很差。所以，从现在开始赶紧尝试一下“掌控自己”的感觉吧！

第三节　及时给压力松松绑

028　破界后的失控——有趣的奶昔实验

大部分人都能意识到自控力的重要性，并给自我控制的内容设定一个界限。比如说，想要减肥的人会限定自己每天的卡路里摄入量；想认真工作的人，会给自己设定一定的工作量；希望在赛场获胜的运动员，会不断地暗示自己要沉着冷静……虽然我们不断地想要控制好自己，让自己尽可能地表现出色，可是意外总是频繁发生，使我们的计划不得不一再搁置。导致行为失控的原因有很多，比如说，诱惑太多而放弃坚持；或者状态不好不能自已；或者压力过大，突破了自控力的极限……

彼得·赫尔曼博士曾做过一个十分有趣的实验——奶昔实验，这个实验能够很好地解释这一问题。彼得博士邀请了一些正在节食和没有节食的人做被试，他让被试在实验前的几个小时内禁食，以确保他们在实验进行前处于一种“饥饿状态”。

实验时，实验者将被试分为三组，每一组都有正在节食的和未节食的被试成员。他给第一组的被试每人一小杯奶昔，以暂缓一下被试的饥饿感；给第二组被试满满两大杯奶昔，让他们觉得已经差不多吃饱了；而对第三组的被试，则不给任何食物。

一段时间后，实验者将他们带到了一个小隔间。隔间里放着一些薄饼和曲奇饼干，还有一张评价表。实验者告诉被试，因为想知道对各种零食口味的看法，所以请他们帮忙品尝食物，并让他们想吃多少就吃多少，如果不够，还可以找实验者要。实际上，实验者的真实目的是想知道不同的被试在吃下不同数量的食物后，吃下薄饼和曲奇的数量是否存在差别。

结果，实验发现，喝下两杯奶昔的非节食者只是咬了一下薄饼，便迅速地填写了评价表；喝了一小杯奶昔的非节食者相对吃了多一些薄饼，才开始填写评价表；什么都没吃，仍然饿着的非节食被试，则在评分过程中吃了很多的薄饼和曲奇饼干。这个结果与实验者的预期是一致的。

不过，正在节食的被试的表现有些出乎实验者的预料。他们当中喝了两杯奶昔的被试比什么都没吃的那组被试吃了更多的薄饼和曲奇饼干。实验者猜测导致这种结果的原因，可能是在于节食者心中对每日的卡路里有一个界限，当他们认为今天摄入的热量已经超过设定的量时，就会认为今天的减肥行动失败了，只能从明天开始控制食量了。所以，他们对今天的饮食控制力开始减弱，因而在接下来的品尝过程中吃下了更多的食物。

为了证实这种猜测和设想是正确的，实验者又安排了一次实验。实验者同样让所有节食和不节食的被试在实验前禁食，使他们都处于一种饥饿的状态。

实验时，实验者分别给两种受试者中的一部分足够的食物，这些食物的热量已经超过了节食者每日给自己限定的量。然后，实验者再给所有被试端上三明治，每块三明治都被切成了4小块。当被试停吃三明治时，实验者问每个被试吃了多少块三明治。

结果正如设想的那样，大部分被试都能正确地回答实验者的问题，而那些之前吃过食物的节食者的回答则大部分都不对，要么多数了所吃三明治的数量，要么就是少数了。实验者认为，这说明吃过食物的节食者已经放松了自我控制，他们已经不再介意三明治所带来的负面影响了。

从这个实验可以看出，大部分人在破“界”后的反应，是放松对自己的控制，放纵自己的欲望，甚至可以说是在破罐子破摔，而不是对此设法进行补救。比如说，有的人发现中午吃得过多了，一般不会想着晚上要少吃一点，而是认为“反正今天已经超标了，不如借机好好地美餐一顿，明天再减肥”；有的人发现上午的工作量没完成，不是在下午时加倍努力工作，将上午没有完成的任务完成，而下意识地告诉自己：“反正完不成，不如好好放松一下，听听音乐，聊聊天，逛逛网店，明天再去完成好了。”

其实，这是一种失控后的逃避心理。结果是，短暂的放纵反而造成了更大的心理压力。减肥的人饱餐一顿之后告诫自己“明天一定要少吃一点”，忙里偷闲的人告诉自己“明天一定要加倍努力”，这样在无形中就给自己增加了不少心理压力。如果到了明天，又因为同样的原因而宣告失败，这种压力会更大。这样，压力一天天地累积，人们会感觉到越来越不快乐，对自己的自控力也越来越没信心，最终，减肥的人减不了肥，上班族们总是抱怨工作任务太多，压力太大，工作老是完不成……

所以，为了预防类似的局面出现在自己身上，我们就要时刻保持警惕，不要轻易破“界”，以免因一时的行为自控而深陷各种烦恼之中。

029　人无压力轻飘飘，人人都会有压力

在生活中，压力是无处不在的，每个人或多或少都会感觉到它的存在。

小到一块饼干、一盒巧克力，大到家庭生活、工作事业等，无一不与之沾边。你偶尔吃一块巧克力，可能觉得不会有什么，可是如果天天吃这样高脂肪、高热量的甜点，你就会有心理压力，担心自己会不会变胖，身体会不会出现健康问题等。工作上就更不用说了，当你面临升职、加薪的机会时，或者有可能遭到领导批评、处罚甚至是裁员等情况时，都会面临巨大的精神压力。

现在，全世界都在强调“减压”，实际上压力也不是百害而无一利的。俗话说“人无压力轻飘飘，井无压力不出油”，正是由于压力，人们才有动力为追求更美好的生活而不懈地努力。当你走出家门，看到街上车水马龙，路人行色匆匆，两边的商贩卖力地吆喝着，孩子们背着书包高高兴兴地去上学，附近的工地上，工人们正在辛苦地劳作……你是不是觉得一切都是那么真实、有活力？实际上，这就是压力的作用。这些压力，不管是出于生计，还是出于工作或学习，只要在一定的限度内，都会让人感觉精力充沛，干劲十足。

不过，有压力虽非坏事，但也并非总是好事。比如说，体育运动员在进行内部训练比赛，由于压力很小，甚至没有压力，实际水平就很难充分发挥出来，甚至更容易犯一些低级错误；相反，压力过大，也容易出现吃不下饭、睡不好觉的情况，自然也会影响比赛成绩。

那么，我们该如何面对压力呢？在回答这个问题之前，我们先来弄清楚压力到底来自哪里。

多伦多大学管理学院的谢家琳教授和其他两位研究人员约翰·希布克和山姆·林曾花了一年多的时间，对中国一家大型生产型国有企业的496个员工进行研究，目的之一就是调查中国企业员工的主要压力源。研究发现，员工们所面临的压力来源主要可分为五大类：社会的、家庭的、企业的、本职工作的和工作环境的。

其中，来自家庭方面的压力源在人们心中占据重要的位置。谢家琳教授说，“各种类型的企业的员工普遍反映来自家庭的压力很大，这和我们国家很传统的、以集体主义为内涵的价值观有很大关系。很多中年员工——不管是什么类型企业的——都谈到子女的就业、升学的压力”。

来自工作方面的压力很好理解，比如工作要求过高，任务过重；工作过于复杂或者太过单调；不能参与工作方面的决策；害怕出事故，等等，这些都会给员工造成压力。这样的压力在外资企业、民营企业等一些直接与工作绩效挂钩的岗位时表现更大一些。

谢教授还认为，人们之所以普遍觉得精神压力大，而且得不到合理的发泄，其中一个主要原因就是没有搞清楚压力来自哪里。只有先弄明白这一点，才能有针对性地进行疏导、调节。所以，我们要解决压力过大的烦恼，首先就要找到根源所在。

现在大部分白领时常会觉得不明原因的头痛，有时是隐隐作痛，疼得厉害时，头就像要炸开一般，让人难以忍受。医学专家认为，这是一种常见的都市病，医学上称之为紧张性头痛，通常是整个头部及颈部感到疼痛，其根源就在于压力过大。要想缓解头痛症状，吃药打针只能治标不能治本，关键在于对自身压力的调节。

其实，压力无所谓好坏，关键在于你采取什么样的态度来调控它。如果你以乐观、积极的态度面对它，压力就能转化成动力，促使你不断地超越自己，取得一个又一个成功；如果你心怀恐惧，不敢正视它，总是逃避它，那么压力、困难将会被无限放大，直至将你压垮。所以，我们既要学会给自己施压，也要学会给自己解压，这样才既不会失去奋斗的方向，也不至于被压力打倒，如此才能笑对人生！

030　压力到达临界点时，人体的自然反应

就像不断充气的气球会突然爆破一样，当压力慢慢聚积，突破一定的界限时，人体也会出现一些自然反应，比如说情绪激动，行为过激，甚至出现头痛、颈痛，四肢酸痛、心悸、呼吸不畅等身体不适。概括起来，主要表现为两方面，一是精神和情绪上的反应；二是生理上的反应。

压力能引起多种精神和情绪反应，反之精神和情绪上的反应也会导致压力的产生。工作过于劳累，对自己要求过高，体能消耗太大，或者身处于糟糕的环境中，都会导致沉重的压力负担。当压力超过了一个人所能承受的临界点时，就会表现出一些失控的反应，比如说，情绪失控，行为过激，精神崩溃等。

2008年1月，在韩国举行的一场奥运会积分赛中，作为中国羽毛球男单头号种子选手的林丹，突然情绪失控，愤怒地将手中的球拍砸向对手的教练、前中国男羽队主帅李矛，还差点动武，这让在场的球迷们都感觉十分愕然。其实，若从心理学的角度来分析林丹的此次的失控反应，就不难理解。

在此次比赛前，林丹就因伤缺席了上周的马来西亚公开赛，这次是他进入2008年的首次重要大赛。在半决赛中，林丹打败了丹麦老将盖德挺进决赛，接下来他只要打败东道主选手李铉一，就可以拿到冠军了。林丹与李铉一曾七度交锋，林丹5胜2负。可以说，如果林丹发挥正常，要拿到冠军并不是难事。

果然，林丹沉着应战，以21：4梦幻开局，不过对手从第二局开始不断发力，林丹虽以20：19手握赛点，但李铉一抓住机会，最终以23：21反败为胜。在决胜局中，双方的较量异常激烈。当比赛进行到21：21的时候，林丹对李铉一的一个疑似界外球被主裁判判定成了“界内”存在异议，情绪看起来有些激动。随后双方队员的主帅也加入到这场争论中，双方甚至还差点动手，被一旁

的工作人员及时制止了。最终林丹以23：25惜败。

林丹为什么会有这么激烈的情绪反应？其实就是不断增加的压力感在作祟。以往辉煌的战绩，再加上因病缺席一场赛事，使得他还未进入比赛，就已背负上了沉重的精神压力。后来，在比赛中，当对手不断地超越自己，夺得赛点时，不断增加的压力就像炽热的火山熔岩，不断地向上喷涌，试图找到发泄的出口。就在这时，出口找到了！对方的一个争议球成了林丹情绪失控的导火索。

除了精神、情绪上的反应外，人的压力到达一定临界点时，同时还会产生一些身体反应。比如，皮肤粗糙，长粉刺，颈和肩部疼痛、僵硬，心跳加快，头痛，胸痛，腹部不适，高血压，失眠，健忘等。

很多人还会发现这样一种现象：心理压力特别大时，皮肤摸起来会感觉比平常粗糙，脸上还会冒出许多小痘痘。这是因为压力会引起人体激素紊乱，从而影响肌肤质量。如果你的皮肤本来就不太好，爱长青春痘，那么压力会延长皮肤问题发生的时间，疲惫的免疫系统需要花费更多的时间和力气来修复你的皮肤损伤。所以，“痘痘”一族们，要想让自己的皮肤变好，除了注意饮食和卫生，还要重视对压力的疏导。

有的人老是抱怨自己太健忘了，总是丢三落四、忘东忘西。刚归置好的东西，转眼就忘了放在哪里；刚刚说过的话，转眼就不记得了……其实，很多情况下，健忘和压力是紧密相关的。人到了中年，就容易出现健忘的毛病。这类人群的生活压力是所有人中最大的，既要赡养老人，照顾孩子，安排家中大大小小的事情，还要忙自己的事业。整天就像陀螺一样不停地旋转，还要面临失业和情感、人际方面的压力。所以，当你发现自己越来越健忘时，就要注意给自己的压力找一些合理的发泄渠道，比如说运动、跳舞，或者找亲近的人聊聊天，以避免被过大的压力带来负面影响。

总之，人的情绪、行为以及身体症状都是压力的征象。当压力突破一定的界限时，人的身心健康都会受到一定的影响。所以，控制不住想发火时，或者突然感觉身体不适时，不要忘了及时给自己“降降压”。

031 压力反应的3个阶段

不管是人类还是动物，当遇到突如其来的威胁情境时，身体会本能地产生一系列的生理反应，使人体迅速进入应急状态以维护自身安全。人在面对压力威胁时，也是如此。

被称为“压力学之父”的加拿大生理心理学家汉斯·塞利曾以白鼠为实验对象，进行过多次关于压力时间长短与身体反应关系的实验。根据研究结果，汉斯提出了著名的压力阶段理论，他认为人体在面对重大的、持续性的压力时的反应主要经过3个阶段：警觉阶段、抗拒阶段和衰竭阶段。

警觉阶段

在压力来临时，人体会在压力之下进入觉醒的状态，产生警觉或者紧张的反应。无论压力是来自己身体方面的，比如说饮食不当、睡眠不足、身体受伤或者是患有某种疾病，还是来自心理方面的，比如失去亲近的人或者没有安全感等，首先作出的反应都是警觉反应。这种警觉反应常表现为一些生理性的反应和病变，如呼吸急促、心跳加速、头痛、发烧、疲倦、肌肉和关节酸痛、食欲减退和一种普遍性的不舒服等。

为了缓解身体的这些不适，机体会动员各器官去应付外来的压力。比如说，人的呼吸会加快，以增加氧气的供应，以便氧气能更快地到达肝脏和肌肉；肝脏也会主动发出大量的糖分给肌肉；体内各种激素快速分泌也使得身体内的脂肪和蛋白质更快地分解糖分，有效地提高身体的新陈代谢能力，其中有些激素还具有缓解机体酸痛的功效；同时，机体为了保持肺部流通，会放缓消化功能，减少唾液分泌，这就是为什么人在紧张时会感觉到肌肉紧绷、口干以及食欲下降的原因了。

抗拒阶段

紧跟着警觉反应之后，人体会进入“抗拒阶段”，这是人体抵抗和忍受压力的反应时期。此时，第一阶段所出现的症状会消失，而且被搅乱的生理反应这时也都恢复到正常状态。人的脑垂体前叶与肾上腺皮质会分泌大量激素，以增加个体对压力来源的这种抗拒力。在这个阶段，受到压力威胁的人会采取实际行动尝试着去解决问题。不过，此时人采取的行动并不完全是积极、正向的，除了主动“反击”，也有人会选择“逃避”的办法。所以，此时是勇敢地面对压力还是消极地回避压力，则完全取决于个人的态度了。

衰竭阶段

当一个人处于持续的压力状态下，其脑垂体前叶和肾上腺皮质无法再继续加速分泌对抗压力所需的激素时，其抵抗压力的动机和能力就会越来越弱，此时就进入压力反应的第3个阶段——衰竭阶段。此阶段意味着机体已处于高度警觉或紧张状态，对超负荷的精力和体力支出已渐渐不能耐受。当身心交瘁、体力耗竭时，一些疾病就会乘虚而入，比如说高血压、心脏疾病、脊椎病、肩周炎、周期性偏头痛和胃肠消化道疾病等。

了解和认识压力反应的3个阶段对于我们增强对压力的调控和应对能力是十分有帮助的。它能帮助我们全面地分析问题的症结所在，指导我们找出恰当地解决压力威胁的办法，这样才能对症下药。

032 当压力袭来时该怎么应对

压力虽然是看不见也摸不着的，但却是每个人都能感受到的，只是很多人都不明白自己所能承受的压力程度罢了。通常较小的压力，人们并不会觉得有什么反应，只有当压力不断增加，达到一定程度时，人们才会出现一些不舒服的反应。

比如说，经常显得不耐烦，脾气暴躁，神情沮丧，焦虑不安，睡眠品质较差、经常打哈欠、犯困；说话冷言冷语，感情迟钝，对自己或他人的评价都带有否定性质；与他人相处不愉快，容易与人发生冲突，健康状况明显下降，经常感到不舒服或生病，如感冒、头痛、胃痛、消化不良、溃疡、记忆力下降等；经常体验到神经性抽搐或肌肉痉挛，很难放松，腰酸背痛……

如果以上这些表现中的大多数你都有，那你就要注意提高警惕，因为这些都是压力下心理不健康的表现。要想改变这种现状，必须要想办法舒缓情绪，排解压力才行。

压力是始终存在的，如果一时无法调解，找一个“假想敌”泄愤一下也不失为解压的一个好办法。有这样一则关于减压的笑话，读来给人启发。

阿P是某家精密仪器公司的一名普通业务员。在金融危机的影响下，公司的业绩总是上不去，老板急得团团转，天天下达业务指标。业务主管按照指标排兵布阵，业务员们工作压力极大，个个累得连腰都快直不起来了，因为主管放狠话说，谁完不成任务谁就回家。

就在大家一筹莫展之时，阿P却跟没事儿人似的，整天乐呵呵的，该说继续说，该乐继续乐，该干继续干，一扫前段时间的愁云。同事们都感到奇怪，纷纷请教阿P身心愉快的秘方，阿P却故作神秘地摆摆手，摇摇头，笑眯眯地走了。大家都背后议论：是不是这小子买彩票中大奖啦，还是逮着一个大客户不用发愁完成不了任务了。

还别说，真是人逢喜事精神爽，阿P真的签到一个大合同，一下子为公司净赚两百多万元的利润，着实解了老板的燃眉之急，业务主管也松了一口气。同事小王和小李见阿P不仅完成了任务还得到了老板表扬，羡慕得不得了，就合伙请阿P吃饭，并且向阿P讨教如何能够放下包袱，轻松工作。

此时阿P已经是醉眼蒙眬舌头打结了，他一边打着酒嗝一边说道：“要想提高业务水平就得先有个好心情，这得和我老婆小兰学学。”

“和你老婆学什么？”小王不解地问。

阿P得意地说：“我老婆迷上了网络游戏，把我当作她的奴隶，平时我在家什么活儿也不干，她特生气，在游戏里她能让我干任何事，现在她可开心了！我受到她的启发把业务主管悄悄加为好友，然后买他做我的奴隶，既能让他打工为我挣钱又能狠狠折磨他，他挣到的钱全都归我，我不高兴时用砖拍他，最绝的是让他去挑大粪，搞得他臭烘烘的……哈哈，现在我心里特痛快，工作起来就有精神，这是精神疗法，学着点吧！”

阿P的做法虽然不那么光明正大，但是这种转移压力的办法却十分有效。

无独有偶，一位运动员也是用同样的办法治好了自己的胃病。原来，这位运动员经常挨教练训斥，情绪十分沮丧，饭也吃不好，觉也睡不香，不久就引发了胃痛，药物治疗也不见效。心理学家建议他在训练中把球当教练的脸狠狠地打，结果他采用此法后胃病果然好多了。

所以，像这种既不直接损害他人，又有利于排解不良情绪和压力的办法，很值得我们借鉴。如果你对某个人有意见，或者觉得压力太大控制不住想要发脾气时，与其将怒火蔓延到别人身上，不如找个寂静无人的地方，如山顶、树林等，恣意大喊一阵，将憋在心中的话一股脑儿地抖出来；或者，实在不行，将某个东西当成是你的假想敌，对“它”发泄、报复一番，直至心情平复。不过，采取这种办法解压时，一定要控制在合理、合法的范围内，切不可做出危害他人的过激举动。

033 不要成为压力的传播者和制造者

王先生自己经营一家服装厂，这几年工厂不太景气，为了让工厂重恢复活力，他四处筹款，拉客户。回到家里，也总是心事重重，有时候还动不动就发脾气、摔东西。家里气氛不再像往日那欢快，变得十分的沉闷和压抑。女儿总是向妈妈抱怨：“爸爸好久没有带我出去玩了，还老是动不动就凶我，我好害怕……”妈妈叹了口气，告诉她：“爸爸工作上的事儿特别多，压力大，所以脾气不好。等忙完了这阵就好了……”

长期生活在压力下，人的心理状态和身体都会受到影响，更糟糕的是，一个人内心的压力会像流感一样，传染给身边的人。

美国圣路易斯大学心理学系副教授托尼·布坎南曾主持过一项实验，以证实在某些环境中，人的压力也会像流感一样具有传染性。

实验者要求一群测试者作公共演讲或挑战心算，而另一群测试者在一旁观察，然后测量这两群人的皮质醇水平及与压力有关的唾液酶。结果发现，两群人的压力反应是彼此对应的，也就是说演讲和心算的人与旁观者的心理压力处在同一水平。对此科学家们解释说，压力可以通过人的说话音调、面部表情、姿势，甚至气味传递给周围人。

英国著名的学者玛丽·理查德斯也认为，在生活中，每个人都有制造压力和传播压力的能力，而且每个人都应承担起控制自己紧张和压力的责任，并采取有效的行动解除压力，以确保不成为压力的来源，并帮助那些处于压力中的人。

一位日本人失业不久，妻子又得病去世了，悲痛之余，想着前途茫茫，还要独自抚养5岁的儿子长大成人，不堪重压的他每日借酒买醉，喝醉了还经常滋事挑衅。

一天下午，这人喝得醉醺醺地上了地铁，见谁都不顺眼，骂骂咧咧的，车厢里的乘客都不敢招惹他。正好，有一位美国人来日本学习气功，见醉汉太过分，正欲好好教训一下他。醉汉也不怕，向美国人大声吼道："哟！一个外国佬，今天就叫你见识见识日本功夫！"说罢，摩拳擦掌地准备出击。

这时，一位和蔼的日本老人朝醉汉招了招手。醉汉骂骂咧咧地过去了。

"你喝的是什么酒？"老人含笑问道。

"我喝清酒，关你什么事？"醉汉依旧气势汹汹。

"太好了，"老人愉快地说，"我也喜欢这种酒。每到傍晚，我和太太喜欢温一小碗清酒，坐在木板凳上细细品尝。这样的日子真是叫人留恋。"

接着，老人问他："你也应该有一位温婉动人的妻子吧！"

"不，她刚过世了……"醉汉的声音哽咽，开始说起他的悲伤故事。过了一会儿，醉汉一头倒在老人的怀里睡着了。就这样，一场风波在无形中被化解了。

生活中的每一个人都要承受一定的压力，不管是学校的学生、街上的清洁工人、企业的高管，还是自由职业者，为了让自己生活得更好，工作、学习成绩更突出，人会有意识地控制自己的言行和情绪，而这势必会导致压力的产生。就像溪水汇聚成河一样，当压力越来越大，如果处理方式不当，你很可能在无意中就成了压力的传播者和制造者，就像故事中的醉汉一样，让他人也陷入了压力的风暴之中。

人在压力之下容易失去控制而表现出一些过激的言语和行为，如果像故事中那位美国人一样“以暴制暴”，不仅解决不了问题，反而会使问题进一步激化。那位老人无疑是智慧的。他循循善诱，用充满温情的语言一步步软化醉汉冰冷的心，让他意识到生活还是美好的，亲情是可贵的。短短的几句话便转移了对方的注意力，并帮助对方正确地疏导了积压在心中的压力。

所以，如果不想成为开头故事中的父亲和这位醉汉一样，成为压力的制造者和传播者，那我们就应该有意识地、用合理的方式宣泄压力，并尽自己所能帮助身边需要帮助的人。

034　建立你的个人压力管理制度

压力的作用是双向的，既有积极的一面，又有消极的一面，关键是自己如何管理。压力过大或者过小都不利于个人潜能的发挥。这就好比吹气球一样，吹气太足，气球会爆炸；吹气不足，气球又飞不高；只有吹得恰到好处才能让气球轻盈地飞起来。那么，在工作和生活中，我们该如何调节压力，既不让自己“身无压力轻飘飘”，也不让自己被沉重的压力压垮呢？

近些年，心理学界一个新名词越来越受到人们的重视——压力管理。所谓压力管理就是告诉人们压力是如何产生的，有哪些危害，最重要的是如何去化解。心理学家在研究压力管理时发现，压力大致可以分为身体压力和精神压力两大类，而且这两种压力成正相关关系。也就是说，当身体压力增加时，精神压力也会加大；当我们精神放松，精神压力减少时，身体压力也能得到有效的缓解和释放。所以，我们可以通过调理身体的办法来调剂心理，比如说通过肌肉放松训练、慢跑、散步等缓解精神压力，反过来说，我们也可以用放松精神来缓解身体的不适，比如说冥想与想象、自我催眠等。

而要做到身体和精神压力都兼顾，就需要建立相关的压力管理制度，严格按照制度执行才行。

首先，确立你的压力管理目标。

如果你想降低自己患各种慢性疾病的概率，不想对孩子大吼大叫，想拥有更高的工作效率、更温馨的家庭生活氛围，那么，此刻你就要想想你的压力管理目标。比如说，你选择从事这项工作的理由是什么，你想获得哪些成果，你想成为一个什么样的人等。仔细分析你的目标，然后记录下来。当这些目标实现之后，及时删除，并及时添加新的目标。不用强迫自己必须立刻完成所有的目标，可以设定一个时间段分阶段完成。

其次，建立你的压力管理计划。

确立了压力管理目标之后，接下来要做的就是分析压力的来源，思索缓解压力的办法，然后制订相应的实施计划。虽然你找到了目标所在，但如果你认不清压力的来源，你就会感觉无从下手，更无法妥善地处理这些压力。如果计划要达成的目标太多，担心无法完成，可以按时间及重要程度列一个清单，以便使自己知道从哪里开始，先要做什么，接下来该做什么。

最后，坚定地执行你的目标。

目标有了，计划也列了，接下来就是行动了。每天都要花一些时间在压力管理计划上，看看自己有没有按照计划行事，这样，你才能及时纠正行动中的偏差。如果这会让你感觉更有压力，那么只想着“今天”可能会让你放松下来。比如说，你要求自己每天晚上10点钟前入睡，而你原本是只夜猫子，一下让你改变作息习惯会产生心理压力，而如果只想着今晚十点前入睡，则会让你轻松许多。

如果你对自己的执行能力缺乏信心，可以请亲友帮忙监督，以减少一些失控的现象发生。比如说，你计划在3个月内瘦10斤，你对自己能不能达成目标有些忧虑，因为你是一个大馋猫，总是抵挡不住美食的诱惑。那么，不妨告诉你的家人和朋友，请他们帮忙监督你。当你饮食超量时，他们会提醒你，从而阻止你吃过多的食物。

需要注意的是，建立压力管理制度的目的是帮助人们以更积极的态度面对压力，寻找更合适的办法化解压力，同时提高自身解决压力的执行能力。其出发点是好的，但执行时，心态一定要放松，不要对自己要求太严苛，过程中偶尔的“犯规”是可以原谅的，不必为此背负更大的精神压力，只要始终朝着目标努力，并最终达成就行了。

035 将心中的压力写进日志

许多人都会有这样的体验：心事重重，情绪低落，悲伤难过时写写日记，心情会变得好些。纽约州立大学最新的研究发现，人们只要将自己糟糕的心情在纸上写20分钟，能启动大脑情绪自我控制功能，进而起到缓解紧张、释放压力的作用。

很多影视明星、歌星虽然在台前光鲜亮丽，其实在幕后都背负着较重的心理压力，而他们解压的办法之一就是写日记、发微博。

梁静茹当年凭着一首《勇气》而红遍大江南北，而在此之前，她的音乐之路却是充满波折的。在成名之前，她还只是马来西亚的一个极为普通的女孩子。小时候的梁静茹音乐细胞就很活跃，但家里经济条件有限，没有机会让她进行系统、专业的音乐训练。一次偶然的机会，她的音乐才能被“音乐教父”李宗盛发现，获得了一次录制合辑的机会。

可是，每次录音时，梁静茹总是放不开，特别是当李宗盛在场监督时，她的压力更大，总是担心自己表现不好让李宗盛失望，结果发挥更不稳定。每次录制不到半小时，李宗盛就会一甩手走了，只留下一句：“你练吧！”

很长一段时间内，身负重压的梁静茹在录音上都没有任何的进展，个人专辑的配唱也是一推再推。再加上她刚到台北不久，人生地不熟，举目无亲，事业发展又不顺利，孤寂和压力常常在夜深人静的时候占据她小小的心灵，让她辗转反侧，难以入眠。后来，她发现画画和写日记可以很好地排遣烦恼和压力。一段时间后，梁静茹的状态就调整好了，如释重负的她很顺利地完成了第一张专辑的配唱。

写日记为什么能帮助人们释放压力呢？社会认知神经学奠基人之一马修·利伯曼认为，人的大脑具有调节压力的功能，而语言文字正是开启这一功能的钥匙。当人们将情感注入文字时，会自动开启大脑负责情绪自我控制的区域——大脑杏仁核与前额叶皮层这两个区域，以控制紧张情绪。

为了证实这一点，利伯曼和同事曾进行过一项实验。实验者安排被试观看一组脸部惊恐或愤怒的表情图片，以引起实验对象产生紧张情绪。然后被试通过选择对应的词汇按钮，来描述看到的面部表情。与此同时，研究人员通过功能核磁共振技术，观察实验对象的大脑活动。

实验结果发现，当被试按下按钮、通过语言来表达情绪时，大脑负责处理“恐惧、愤怒、厌恶”等情绪的杏仁核活跃性变弱，而能够抑制行为和情绪的前额叶皮层活跃性变强。

实验者进一步解释说，当人看到图片时，大脑杏仁核相当活跃，产生恐惧、愤怒等情绪，而当你选择按下标有“恐惧”这个词的按钮时，杏仁核就会变弱，这就是给情绪贴标签效应。

利伯曼认为，“给情绪贴标签”具体在生活中可体现为写日记、诗歌，找人倾诉等。

所以，当你感觉到生活压力大时，除了找人倾诉，不如寄情于纸上，写写日记或者诗歌，将内心的烦闷情绪发泄出来。

现在有很多国家都设有很多的工作室专门培训那些需要减压的人如何写日记。乍听之下，好像挺新鲜，写日记谁不会呀！不过人家的日记还真的有些特别，因为他们会要求人们用第三人称来写，而不是常用的第一人称。

这样的日记不仅具备一般的日记的宣泄和调节功能，还能适当弱化主观上的一些负面感受，虽然主观上还是自己的感受与经历，但强调以旁观者“他”的角度入手，用“别人”的眼睛来看待自己，有助于我们对自己的言行进行更客观的审视，从而将自己从问题情绪或压力情境中分离出来，有助于我们尽快找到解决压力问题的新方法。

实际上，不光是写日记可以用第三人称写，思考问题时同样如此。常常站在旁观者的角度看待自己，不仅是一种能力，更是一种境界。当你真正具备了这样的能力和境界之后，压力在你面前将会变得不堪一击。

写日记是一种不错的舒缓压力的办法。不过，要想从根本上摆脱压力过大的烦恼，还是要保持积极健康的心态，良好的心态是人们应对压力需要具备的最重要的心理素质。

036 用画笔挥洒你的压力

很多人说起来口若悬河，可就是不会写，或者不愿意写，此时如果让他们通过写日志的方法来舒缓压力，非但不会有效果，反而可能增加更多的压力。不过，不会写没关系，你还可以画画，因为绘画也是一种很不错的排解压力的办法。

在2007年举行的世锦赛中，美国体操选手肖恩·约翰逊一举拿下团体、个人全能以及自由操三枚金牌，从此只有15岁的约翰逊成了民众心目中的英雄。当地政府为了表彰她，在衣阿华州名人堂造了一座与约翰逊真人一样大的铜像。在铜像的揭幕仪式上，还给她举办了一个个人荣誉展。人们甚至将她视为接替美国体操界的领头羊——凯利·帕特森的不二人选，大家都期待着约翰逊能在2008年的北京奥运会上夺得分量更重的奖牌。

平日里总是无忧无虑的约翰逊在遇到压力的时候也会觉得不适应。在2005年她刚入国家青年队的时候，就曾经有过放弃的念头。她曾数次告诉父母说，她已经受不了这种活在别人期待下的生活。

不过，最终她还是坚持了下来，因为她找到了排遣压力的好办法——写诗和绘画。她曾为自己写过一首名为《冠军》的诗，在出征奥运之前，将它贴在床头勉励自己。除此之外，她还经常画画。她说她喜欢用这样的方式放松自己，这样做可以让她有一种被“释放”的感觉。

有人或许认为这种方式适合有一定绘画功底的人，其实不然。绘画解压无关乎基本功，也不讲究技巧，不管画得好不好，关键是要敢于画，这跟艺术天分没有关系。你要做的就是展开一块画布或者一张较大的纸，拿起画笔尽情挥洒你的压力。不管你是寄情于山水，还是立意于写实，无论你是画工笔画，还是信手涂鸦，只要为放松心情、释放压力而画的画都是好画。

据报道，在沈阳某中学的高考考点外，一位头戴着鸭舌帽，身穿T恤牛仔休闲装的画家早早地支好了画架，备好了不同型号的画笔画具，旁边立着一幅写着“金榜题名”四个大字的展板。这位有些“怪异”的画家立即吸引了不少考生和家长的目光。

“哪位同学紧张，来我这减减压，我保证让你笑！”画家对着学生喊道。其中有一位女同学确实非常紧张，手心都开始冒汗了。画家招呼她上前，让她看准备好的“满分”漫画模板，对她说：“你是学文科的吧？那你可来对了！看见没，这是古代的文状元，今天文状元钦点你‘满分’！”女同学顿时笑了起来，也不像刚才那样紧张了。画家接着为这位女同学画了一幅惟妙惟肖的人头像，让女同学自己在上面写上几句激励自己的话。这样，这位女同学不仅消除了紧张情绪，而且信心满满了。

女孩信心满满地离开后，前来要求画家减压的学生越来越多，很快画桌前便排起了长长的队伍。遇到高考紧张的学生，画家都会轻松地调侃上几句：“看你紧张的，你要是不笑一笑，看我一会儿不把你画丑才怪！”围观的考生们一听，都笑了，紧张的气氛顿时变得轻松了许多。很多学生都在自己的肖像画上签上“马到成功”“旗开得胜”“心想事成”等话语激励自己。

当天，这位画家就送出去了50多幅肖像画，为上百名考生送去了欢乐，帮助他们减轻了心理压力，获得了学生、家长以及老师们的一致赞誉。

这位画家助人为乐的精神确实可嘉，但他轻松幽默的绘画解压方式更值得“高压锅”一族们借鉴。所以，当我们感觉到快被压力压得喘不过气来时，与其冲人发脾气，摔东西，还不如静下心来，拿起画笔，展开画布，静静地画上几笔，将郁结心中的不快尽情地挥洒出来！

自控力测试5　你是一个抗压能力强的人吗

1.参加亲朋好友的生日聚会和婚礼总是免不了花钱，当接到这样的邀请时，你的真实想法是（　　）。

A.你不想在这类场合出现，以免花钱买礼物

B.尽管不少花钱，可在各种场合，你还是乐于选择小巧而特别的礼物

C.只在对你很重要的场合送礼

2.你的自行车与别人的车相撞，你不得不与对方约个时间解决这个问题。你的态度是（　　）。

A.这件事引起的焦虑和不安使你失眠

B.这并非重要的事情，只是生活中发生的许多事情中的一件，你会在问题解决后，做点自己喜欢的事情，以便尽快忘掉那件不愉快的事

C.开始时你不去管它，只在解决问题的那一天到来时再想办法应付它

3.你的家具或电器由于水管破裂被损坏了，而且你发现你所购买的财产保险不能完全弥补损失。这时你会（　　）。

A.你很失望，痛苦地抱怨保险公司

B.开始自己修复家具

C.考虑撤销保险，并向有关部门投诉

4.你由于某件生活中的小事和邻居发生了争执，却没能解决任何问题。你会（　　）。

A.回到家拼命喝酒，想轻松一下，忘掉这件事

B.准备到对方单位告他

C.通过散步或看一场电影来平息怒气

5.当日常生活中的压力使你和你妻子（或丈夫）经常发生口角，之后你会（　　）。

A.每当这个时候，你都尽力放松自己，保持沉默，不去争执

B.你和朋友谈论这事，使你的观点和感情得到理解

C.寻求机会，心平气和地与自己的妻子（或丈夫）谈心，看如何摆脱由于日常生活压力而引起的争吵

6.一个你所爱的亲密朋友准备与别人结婚了，对你来说这是个巨大的不幸。这时，你的态度是（　　）。

A.你逃避现实，相信这不可能发生，因此没必要担心，于是仍然乐观地抱有希望

B.决定不去担忧，因为还有时间去改变这个“事实”

C.决定向你所爱的人提出你的观点，表明你的态度，严肃地向她（他）说明不该这样做的理由

7.每个人都会承受物价上涨所带来的心理上和生活上的压力，你对此的心态是（　　）。

A.尽管价格上涨，你仍拒绝改变饮食习惯，因此不得不花更多的钱

B.每看到物价上涨，你就会怒气大增，但不管怎么样还是要买，甚至拼命抢购，担心还会再涨

C.设法少花钱，制定出一个营养而又实惠的食谱

8.终于有一天你的能力被人们认识并被赋予一项重要工作，你会（　　）。

A.考虑放弃这次机会，因为工作量太大

B.开始怀疑自己能否承担这个重任

C.分析这项工作对你的要求，并为从事这一工作作各方面的准备

9.你猜想你的房租或一些其他的月支付会增加，接下来你会（　　）。

A.这让你感到很不安，于是到外打听，以便从朋友那里早点确认上涨的信息

B.决定不被这次涨价吓倒，你计划怎么样应付这种情况，如换房、采取节约措施等

C.你觉得每个人都处在同样的状态中，因此逃避现实，被动等待，认为自己总会应付得了

10.你的一个非常亲近的人在一场事故中受了重伤，你从电话里得到了这个消息时，你会（　　）。

A.努力压抑自己的感情，因为你还要把这一消息告诉其他朋友和亲戚

B.你挂断电话，哭起来，让悲痛尽情发泄出来，使心里好受一些

C.去医务室向医生要一些镇静剂，帮助你度过以后几个小时

11.每逢节假日，你和爱人总会为去探望双方的父母而发生激烈争吵。为了避免争吵再次出现，你决定（　　）。

A.制订一个严格的5年计划，要求在节假日轮流探望双方父母

B.在重要的假期与自己最喜欢的家庭成员一起度过，而在不太重要的假期去看望其他人

C.做最“公平”的事，根本不与家里老人、亲戚一起度假，这样麻烦最少

12.你最小的孩子离开家走入社会，这意味着家里只剩下你和你丈夫（或妻子），有些失落的你会（　　）。

A.与朋友谈论家中的这一变化，看他们是怎么应付这一变化所带来的各种不适应的状况

B.尽可能地帮助别人并为自己寻求新的兴趣爱好

C.想告诉孩子们，希望他们多在家里待一段时间陪陪自己

心理测试结果：

问题1~3：A=3，B=1，C=2

问题4~8：A=3，B=2，C=1

问题9~12：A=2，B=1，C=3

总分越低，说明你处理问题的能力越强。如果得分在21分以下，说明你很会处理问题，心理抗压能力较强，有时还能帮助他人解决许多压力问题；如果得分在21分以上，说明你的心理压力过大，抗压能力还有待提高。

第四节　别让坏习惯控制了你

037　习惯的力量如此之大

传说很久以前，有一位年轻人听说遥远的地方有块“不老石”，于是他长途跋涉，费尽千辛万苦，终于来到了海边。为了把检查过的石头和未检查的石头区分开，他把检查过的，不是“不老石”的那些石头都扔进了大海。日复一日，年复一年，他已经变成了白发苍苍的老人，可他仍在重复着做同样的事：捡起一块石对，看一眼又扔掉。终于有一天，当他发现了传说中的不老石时，他的手已经不听使了，他习惯性地把“不老石”也扔进了大海里。

这个故事告诉我们一个道理：习惯会麻痹人的神经，使人看不清事情的真相，而当人们回过神来时，本来唾手可得的成功却因为自己的视而不见而与自己擦身而过。

说起来，很多人或许不会相信，一根细细的铁链便可以拴住一头千斤重的大象，而这看似不可思议的事情却在泰国和印度随处可见。原来，驯象人在大象还是小象的时候，就用一条铁链将它拴在水泥柱或是钢柱上，无论小象怎样挣扎都无法挣脱。渐渐地，小象已经习惯了不挣扎，直到长成了大象，可以轻易地挣脱链子时，它们也不会再去挣扎了。

小象是被实实在在的铁链拴着的，而大象则是被习惯所绑住的。很多时候，无形的习惯比有形的束缚力量来得更大，更可怕。

一位动物心理学家曾做过一个著名的实验——跳蚤实验，这个实验足以证明习惯的力量。我们都知道，跳蚤可是动物界的跳高冠军，它纵身一跳的高度可以达到自己身高的400倍以上，所以要想抓住它可不是一件容易的事。

实验者将一只跳蚤放进一个容器里，容器的高度刚好是跳蚤能够达到的高度。为了不让跳蚤跑出来，实验者在上面放了一块玻璃挡着。

第一天，跳蚤非常活跃，一次又一次地撞击着玻璃，十足的不达目的不罢休的架势，不过，无论它如何努力，始终无法突破玻璃的阻碍。不过，它并没有放弃，休息一会儿后，它又向玻璃发起猛烈的攻击。

几天后，实验者观察到跳蚤明显不如前几天活跃，看起来似乎有些懒惰和气馁了。又过了一段时间，实验者发现，跳蚤已经放弃了努力，整天得过且过地待在容器底部。这时实验者将玻璃抽掉，原以为跳蚤会一跃而出，可让人出乎意料的是，跳蚤浑然不觉，也未见有任何行动，看来，它已经习惯了这样的生活。

接着，实验者将另一只跳蚤放进一个容器里，容器的高度略高过跳蚤的跳跃高度，这次上面没加玻璃盖子。实验者观察到跳蚤每天都会乐此不疲地往上跳，虽然跳不出去，但它仍把这当作每天的必修课。

跳蚤还能跳出这个高度吗？实验者对这个问题又有了兴趣。于是，他拿着一盏化学实验用的酒精灯在玻璃杯下燃烧加热。不一会儿，跳蚤就热得受不了，于是奋力一跳，一下就跳出了容器，又恢复了往日跳高冠军的风采！

可见，习惯虽小，却影响深远。动物如此，何况人呢？很多时候，我们就像跳蚤一样，刚开始总是自信满满，全力以赴，可是在连续地遭遇碰壁后，会逐渐放弃努力，变得越来越懒惰和安于现状。

很多时候，成功并不是那么遥不可及，它或许只是隔着一层“玻璃板”，或者只是需要一块垫脚石，抑或者是一种外在的激励，就可以实现。可就当成功已经唾手可得时，人们已经不愿意再付出努力，因为他们认定再怎么努力也是徒劳，他们已经给自己加上了各种限制，这才是导致失败的真正原因。

所以，当我们抱怨自己怀才不遇时，不妨想想，到底是家人、领导、社会和体制在牵绊、阻碍着自己走向成功，还是自己不愿意改变或者改变不了某些习惯，比如说个性上过于自以为是、清高孤傲；办事时拖拖拉拉，效率太低；抑或是为人处世固执保守，不够圆润……

有一句俗话说得好：“贫穷是一种习惯，富有也是一种习惯；失败也是一种习惯，成功也是一种习惯。”人的贫穷富贵和成功与否都与习惯有着莫大的关系。如果你不想再忍受一贫如洗的生活，那么，就要试着改变一下你的思维和行为习惯；如果你不甘于失败，那么首先就要找到导致你失败的因素，并加以改正。总之，多从自己的习惯上寻找原因，才能充分地认识到自己的优缺点，在生活和工作中扬长避短，才会尽早实现成功的愿望。

038 卓越出于习惯，平庸也缘于习惯

任何事情都具有双面性，习惯也不例外。它既有好的一面，也有不好的一面。好习惯使人摆脱平凡，走向卓越；而坏习惯则会让人安于现状，一生碌碌无为。

从前有个猎人，他在一次打猎中捡回一只老鹰蛋，到家后把它放在了母

鸡正在孵的鸡蛋中。没多久，小鹰和小鸡一起出世了。在母鸡的照顾下，小鹰很开心地和小鸡们生活在一起。

小鹰并不知道自己是一只鹰，它和小鸡们一样学习鸡的各种生存本领。母鸡也不知道它是一只鹰，也按照教育小鸡的方式教育小鹰。所以，这只小鹰一直按照鸡的习惯生活。

外出觅食时，每当看见有老鹰从头顶盘旋而过，小鹰总是特别羡慕，说："在天空飞翔多好啊，有一天我也要那样飞起来。"

母鸡听它这么说，每次都要提醒它："别做梦了，你只是一只小鸡！"其他小鸡也一起附和："你只是一只鸡，你根本不可能飞那么高！"

被提醒多次之后，小鹰终于相信自己不可能飞那么高。小鹰再看到老鹰飞过时，它便主动提醒自己："我是一只小鸡，我不可能飞那么高。"

结果，这只鹰直到死的那一天，也没有飞翔过，即使它拥有翱翔蓝天的翅膀和体格。

我们当中的许多人都像故事中可怜的小鹰一样，虽然具备"飞翔"的能力，经过一番努力可以成为一个卓越的人，可是就因为习惯性地听从他人，又缺乏主见和决断，所以跟着人云亦云，活在别人的观念里，白白浪费了天赋和才能，结果只能是碌碌无为、毫无建树地过完一生。

相反，也有一些人却因为具备了某些良好的习惯而一步一步地走向了成功。他们当中有的人珍惜时间，在别人喝茶聊天的时候抓紧时间学习和工作；有的人敢于面对一次次的失败，认为"失败是成功之母"；也有的人没有被无数次的拒绝而打倒，反而更加努力向上……

一位成功的企业家，不到40岁就坐拥上亿万身家。创业之初，他没有任何背景，完全是白手起家。每当人们好奇地问他是如何做到的时，他总是微笑着说："只是因为我很早就'习惯被拒绝'。"

原来，由于小时候家里穷，他高二便辍学前往深圳打工，费尽周折才在一家饭店找到了一份服务员的工作。小小年纪的他不怕吃苦，对饭店的活总是抢着干，光是土豆丝就要切满满的三大盆。一天，一个好心的厨师悄悄地对他说："兄弟，我看你能吃苦，做人也挺机灵，嘴巴也不笨，我感觉你挺适合做销售的。"

于是，他辞职做了销售。那年他刚满18岁，年纪轻，又没有任何的销售经验，去公司应聘总是被人拒绝。他没有气馁，心想深圳那么多的工厂和公司，总会有一家公司接纳自己。

经历了无数次的拒绝后，一家卖电池的公司接纳了他，不过底薪很低。他自己买了辆旧自行车，带着两大箱电池就开始大街小巷地上门推销电池。结果，他还是总被拒绝。

有一次，一个杂货铺老板和别人下棋，下赢了，年轻人适时上前夸奖老板水平高。老板扭过头看他，说："你这小伙子真有意思，我都拒绝你三次了，你还不死心，真有股儿倔劲啊！这样吧，我买你一百板电池（一板四节），如果质量好，以后我还进你的。"于是，年轻人终于做成了第一笔生意，拿到了40块钱的销售提成。

靠着这股不怕拒绝的习惯，他很快成了全公司的销售冠军，每个月都有上万元的收入。不过，虽然销售业绩不错，但是电池行业销售数额毕竟有限，于是，有了销售经验的他跳槽到了一家做安全防护产品的大公司。这个行业的客户都是消防、石化、井架、油田等大客户，随便一单的标的都是几百万甚至上千万元，最小的单也有几十万元。

不过，隔行如隔山，虽然在电池行业干得如鱼得水，可是进入新的行业，还要从头做起。

他每天的工作就是打电话，从百度搜索到相关的公司，然后打电话进行推销。这样的推销电话，他每天能打几百个，可成功率甚至达不到万分之一。但正是因为他不放过这万分之一的成功概率，他做成了两单，共一千余万元的销售额让他顺利转正，成为这个外资企业最年轻的销售员。

后来，有了销售网络和一定的资金后，他自己开了一家公司，代理一家安全防护公司的产品，事业开始快速发展起来。

古今中外，大凡能够有所作为的人，身上或多或少都有些几个可圈可点的习惯在影响着他人生的轨迹。这位年轻的企业家能够成功，也缘于他良好的习惯——不怕拒绝。当一个人把拒绝当作习惯时，还有什么能阻止他前进的脚步呢？

莎士比亚曾说过：“不良的习惯会随时阻碍你走向成名、获利和享乐的路上去。”佩利也曾经说过：“美德大多存在于良好的习惯中。”可见习惯是一把双刃剑，关键在于我们怎么运用它。现在我们要做的，就是审视自己的思维和言行，纠正那些不良的习惯，培养一些让人受益终生的好习惯。

039　习惯形成性格，性格决定命运

人，是一种习惯性的动物，不管我们愿不愿意，习惯总是无孔不入地渗透于我们生活的方方面面。有调查表明，一个人每天的行为当中，约有95%属于习惯性的，而剩下的5%是属于非习惯性的。同一个动作，如果重复三个星

期，就会变成习惯性的动作；如果重复三个月，就会形成稳定的习惯。

那么，习惯与性格有什么关系呢？心理学是这样定义性格的：性格是在生活过程中形成的对现实的稳定态度以及与之相适应的习惯化的行为方式。从这个解释来看，人的性格与人的行为习惯是紧密相关的，所以才有“习惯决定性格”的说法。

每个人刚生下来时，个性和天赋是差不多的，差别就在于后天环境的影响。不同的生活环境，使人形成了不同的习惯，也造就了不同个性的人。所以，孔子所说：“性相近，习相远也。”

英国著名作家查·艾霍尔曾说过这样一句话：“有什么样的思想，就有什么样的行为；有什么样的行为，就有什么样的习惯；有什么样的习惯，就有什么样的性格；有什么样的性格，就有什么样的命运。”可见，一个人习惯的好坏，不仅影响一个人的性格，从长远来讲，也会影响一个人的成功。

很多时候，成功与失败仅一线之隔，而横亘在中间的很可能只是一个细小的却往往被人忽视的个人习惯。

日本一家食品公司准备招聘一名卫生检测员。一位衣冠楚楚、气度不凡的年轻人走进了总经理办公室。他谈吐优雅，举止大方，专业知识也很扎实，因此赢得了总经理的好感。没想到，就在年轻人转身离开时，总经理发现这名年轻人无意识地抠了一下鼻孔。于是将年轻人从面试名单中划去了。年轻人没想到正是这个看似不起眼的小动作，使唾手可得的工作岗位让给了别人。在这位总理看来，一个没有良好卫生习惯的人如何能做好卫生检测员呢？

所以不要忽略任何一个微小的不良习惯，说不定哪天，它会在关键时刻成为你成功的绊脚石。纵观古今中外，许多伟大的人物之所以能够取得成功都是与他们良好的习惯分不开的。这些良好的习惯或许只是饭前洗手，做错事要道歉这样的小事，却足以让他们受益终生。

在1988年世界诺贝尔奖得主在巴黎举办的聚会上，有一名记者问一位诺贝尔奖得主：“您在哪所大学、哪个实验室学到了您认为是最主要的东西呢？”这位白发苍苍的学者回答道：“幼儿园。”

“在幼儿园能学到什么东西呢？”记者不解地问。

“把自己的东西分一半给小伙伴们，不是自己的东西不要，东西放整齐，吃饭前要洗手，做错事要表示道歉，午饭后安安静静地休息，要观察周围的大自然……”

著名的教育家叶圣陶先生也十分重视培养良好的个人习惯，他认为：“好习惯养成了，一辈子受用；坏习惯养成了，一辈子吃它的亏，想改也不容易。”那么，我们该如何培养好的习惯和性格呢？

其实，习惯和性格的养成归根结底还是自控力的问题。不管你采取什么样的办法，首先就要提高自我控制的能力，知道哪些行为是好的，哪些是不好，哪些可以做，哪些则坚决要制止。

我们在纠正坏习惯的同时，也是在建立一个好习惯，而在建立好习惯之初是比较痛苦的。比如说，你知道吸烟有害健康，想把烟戒掉。可真要做起来，就会比较难，烟瘾会不时地提醒你把手伸进口袋，找打火机。如何才能战胜烟瘾呢？靠自控力。如果你控制住自己不去想吸烟的事，不让所有与烟有关的东西出现在你的视线里，或者干脆扔掉，想办法将注意力转移到别的地方；实在不行，你也可以找一些替代品，如口香糖等。坚持一段时间后，你会发现改掉吸烟的坏毛病并不像想象中的那么难。

所以，要培养好的习惯和性格，就要注意增强自我控制的能力，一个能够控制住自己的人，才能真正地掌握自己的命运。

040 不要让自己走进偏见的死胡同

有这样一则关于偏见的笑话：

冰箱里有五个鸡蛋。第一个对第二个说："你看，第五个鸡蛋身上有毛毛哦！好可怕！"第二个对第三个说："你看，第五个鸡蛋身上有毛毛哦，好吓人！"第三个也对第四个说："你看，第五个鸡蛋身上有毛毛……"这时，第五个"鸡蛋"听到了，冷冷地回道："你们有没有搞错？我是猕猴桃！"

心理学是这样定义偏见的：偏见是指根据一定表象或虚假的信息相互作出判断，从而出现判断失误或判断本身与判断对象的真实情况不相符合的现象。简而言之，偏见是人对其他的人或事产生先入为主的、负面的判断，是一种带有轻视、反感、嫌恶等感觉的态度。

有偏见的人为人处世容易走极端，一条道走到黑，撞到了南墙也不愿意回头。他们如果认为一个人好，就觉得他什么都好，相反，如果他们反感一个人，就觉得对方一无是处。他们过分依赖于感觉，对一些人的看法常常是捕风捉影、道听途说、人云亦云，就像笑话中的鸡蛋一样。

实际上，很多时候我们不喜欢某个人，并不是对方真的存在诸多的缺点和不足，而是缘于我们自身的偏执心理。"疑人偷斧"的寓言故事就是个最好的例子。

古时候，有一位农夫家里有一把斧子。有一天，这把斧子不见了。农夫觉得一定是隔壁人家的儿子偷的。于是，他悄悄观察隔壁家儿子的一举一动，发现他走路的样子、说话的声调、脸部的表情和平常人都不一样，很像偷了东西的人。后来，农夫家的斧子找到了，再观察隔壁人家的儿子，觉得他的一言一行、一举一动、脸部的表情又都不像一个偷斧子的人了。

有偏见的人总是把自己看得比别人好，习惯将一切好的，成功的结果归结于自己的辛苦付出，而将糟糕的、令人失望的结果归咎于“运气不佳”“问题本身无法解决”以及“别人的原因”。就像故事中的农夫一样，他没有先从自己身上找原因，而是偏执地认为是邻居家的儿子偷去了，给邻居家的儿子戴上了“小偷”的帽子。

在生活中，也存在很多这样的“农夫”。很多企业的老总、高管们，当公司的利润增加时，他们会习惯性地将功劳归于自己管理有方，而当利润下降时，总是抱怨经济不景气、下属的方案不合实际或者手下的员工素质太差；很多体育明星，赢得比赛时，会认为这是自己努力的结果，失去比赛时，又会归咎于对手太强大，判罚不公等，实际上这都是偏见的表现。

所以，要走出偏见的死胡同，首先就要从自己身上找原因，克服先入为主的心理。

一位女士养了一只既美丽又可爱的鹦鹉。不过，这只鹦鹉有一个怪毛病：常常咳嗽，而且声音浑浊难听，喉咙里好像塞满了令人作呕的痰。女主人十分焦虑，担心它患上了呼吸系统的疾病。于是，她带着它去了宠物医院。但检查结果显示鹦鹉完全健康，没有毛病。问题出在女主人自己身上：因为她抽烟，所以经常咳嗽，这只鹦鹉只是把女主人的声音模仿得十分逼真罢了。

所以，当我们评价一个人或者一件事的时候，要克服主观臆断、先入为主的毛病。当你认为对方的言行让人反感时，不妨先审视一下自己的言行，看自己是否也有同样的毛病，对方的言行是否为受自己影响所致。这样你就不会陷入先入为主的泥潭，对他人形成偏见。

偏见，很多时缘于心胸狭隘、气量不够。所以要克服偏见，就要敞开胸襟，宽容地对待他人的不足和缺陷。人与人之间的交流是相互的，俗话说“投桃报李”，就表明你投我之“桃”，我报之以“李”。我主动向对方示好，对方也会以相同的态度来回报我。同样，如果你抱之以反感，这种反感情绪会被对方感应到，因而对方也会对你产生敌意。于是，你更加坚信原来的判断是正确的。在这种心态下，你对对方的反感只会有增无减。这时，再想要纠正自己的偏见是很难的。

著名女作家亦舒曾说：“一个成熟的人往往发觉，自己可以责怪的人越来越少，人人都有自己的难处。因为，人越成熟，偏见也会越来越少。”所以，要走出偏执，成为一个思想成熟的人，对他人就要尽量多一份理解和宽容，对自己也要多一些检讨和反思。

041 审视老习惯——爬出井口看看外面的世界

在相邻的两座山上分别有一座小庙，庙里各住着一个和尚。在两座山之间有一条小溪，有一天，两个和尚在同一时间下山挑水，互相寒暄了几句，约好以后的每一天都在这个时间下山挑水。久而久之，两人成了好朋友。

不知不觉中，时间过去了五年。突然有一天，左边这座山上的和尚没下山挑水，右边那座山的和尚心想："他大概睡过头了。"便不以为意。可是，第二天、第三天、一星期过去了，左边这座山的和尚仍然没有下山挑水。直到过了一个月，右边那座山的和尚终于受不了，他心想："我的朋友可能生病了，我要过去拜访他，看看能帮上什么忙。"

于是他便爬上了左边这座山，去探望他的老朋友。当他看到自己的老朋友后，大吃一惊，原来对方什么病也没有，正在庙前聚精会神地打着太极呢，一点也不像一个月都没有喝水的人。他很好奇地问："你已经一个月没有下山挑水了，难道你可以不用喝水吗？"左边这座山的和尚说："来来来，我带你去看。"于是他带着右边那座山的和尚走到庙的后院，指着一口井说："这五年来，我每天做完功课后都会抽空挖这口井，即使有时很忙，能挖多少就算多少。如今终于让我挖出井水，我就不用再下山挑水了，这样我就可以有更多时间练我喜欢的太极拳。"

右边山上的和尚听了，羞愧地陷入沉默。是呀，自己怎么没想过在后院挖一口井呢？

人与生俱来就有一种惰性，当人已经习惯于某种模式时，就会不愿意轻易改变，也害怕改变，哪怕是旧的模式效果很差，哪怕是旧的模式已经伤害到自己和身边的人，人们依然会坚持再坚持，除非被逼到不得已的地步，才会被动地改变。就像很多陈旧的教育观念一样，用了多少年了不管用，可依然还在用；身体不健康的人明知道那样做对身体好，可仍然不愿意改变原有的不良生活习惯。

坐井观天的寓言故事大家早已熟知，故事中的青蛙，一直待在井里，已经习惯了井里自由自在的生活，认为世界只有"井口那么大"，从而不愿意离开枯井，去尝试新的生活方式，最后只能渴死在井里。

现实生活中，仍然有许许多多的“井底之蛙”，他们安于现状，习惯于生活在自己的小圈子里，从不愿意伸出头去，看看“井”外面的世界。他们遵循老传统，恪守老经验，心不敢乱想，手不敢乱动，脚不敢乱走，凡事中规中矩，小心翼翼，他们的一生虽然很少犯错，但也不会有什么大出息。

当然也有一些人，敢于打破旧的习惯，尝试用新的思维和方法看待周围的事物，为自己开创了一片更为广阔的新天地，世界五百强企业戴尔电脑公司的创始人迈克尔·戴尔就是这样的人。

上高中时，戴尔有一次在玩计算机时了解到当地的一些计算机批发商接手的一批PC机积压在手里无人购买，另一方面又有一些客户无法得到他们想要配置的计算机，只能从众多机型中挑选一款，即使不适合自己也没办法。于是，戴尔从批发商那里以低价将积压的电脑买回来，在那些机器上增加了一些零部件，比如说更大的内存条和磁盘驱动器，然后再以稍低于市场的价格出售这些计算机，很快这些电脑就销售一空了。

1984年，戴尔还只是一个19岁的大一学生，此时的他既不懂技术，也没有雄厚的资本，更缺少阅历和经验，但他敏锐地看到了组装机强大的市场需求。于是，他毅然辍学开办了一家公司，将印有自己名字（DELL）的成品组装机卖给用户，每月可以得到5万～8万美元的收入。

戴尔没有因此而满足，而是不断地研究和开发适合各种客户需要的计算机。用户可以根据自己的需要向戴尔公司订货，比如说要求多大英寸的显示器、外观要设计成什么样等。戴尔的经营模式打破了标准生产条件下产品统一规格、统一样式、缺乏个性的现状，将计算机向更加人性化的方向向前推进了一步。这使得在电脑业利润越来越薄，世界电脑大公司纷纷后退的情况下，戴尔电脑仍然能够越战越勇，曾经连续8年的发展速度保持在80%以上，有6年利润增速达到60%，曾在一年内将公司利润从180亿美元提高到了260亿美元。

这位赚钱天才为什么能获得如此大的成就？原因当然是多方面的，但其中一个重要的原因就在于他勇于打破老方法、旧思维，一心追求卓越。他的创业经历告诉我们，人要想成功，不光要懂得抓住机遇，还要有打破现状的勇气和毅力。不管我们从事什么职业，做什么事情，只有精益求精，才能不断超越他人，获得成功。

042　推陈出新——敢于挑战权威

人们大多习惯于听从于权威，认为专家、学者和科学家们的观点就一定是对的，即使觉得有些观点存在瑕疵，或者自己有新的，更合理的观点也不敢勇敢地表达出来。这其实是一种不自信的心理表现，因为不相信自己可以超越前人，所以努力说服自己服从于权威。

实际上，权威也只是相对的，在一定的时代背景下，他们具有先进性，但也有自身的局限。随着时间的推移，再权威的理论也有可能受到人们的质疑，甚至完全被推翻。所以，我们要相信权威，但也要敢于挑战权威，要知道就算是科学家，有时候也会出错。

1817年，一直默默无闻的菲涅尔获得了法国科学院颁发的一项科学奖章。但起初，菲涅尔的理论却遭到了法国科学院的泊松、拉普杜斯等科学巨匠的反对。他们认为菲涅尔的理论违反了传统的牛顿光学理论，而前者正是牛顿理论的坚定拥护者。最后，评审委员会决定去做实验，让实验来检验菲涅尔的理论正确与否。实验的结果让反对他的人大感意外，事实证明，菲涅尔是对的，而牛顿是错的。法国科学院的院长阿拉贡看完实验报告以后，马上决定将这项非凡的大奖颁给小人物菲涅尔。

伟大的天文学家哥白尼从小就是一个热爱钻研的人。上中学时，他听说用一种仪器——日晷，可以根据太阳的影子来确定时间。他觉得十分新奇，回家找了些废旧材料，很快就做了一个这样的仪器。他利用自己做出来的日晷，研究太阳和地球的运动规律。长大后，哥白尼提出了著名的“日心说”，推翻了过去一直认为是太阳绕地球转的“地心说”的错误说法。

纵观历史长河，像菲涅尔、哥白尼这样敢于质疑、坚持真理的人还有很多，正是由于他们的存在，真理和正义才得以战胜谬误和邪恶，社会才得以进步和发展。

敢于挑战权威，首先就要有初生牛犊不怕虎的大无畏的精神，因为，不管你的理论和观点看起来多么合理，在被人们接受之前，一定会遭受到包括权威人士在内的人们的强烈的质疑和抨击。权威人士因为头脑中已经有定型的见解和习惯，对于自己苦心研究的成果一定会紧紧地抱住不放。他们遇到相类的事项也会用相同的标准去衡量，而不愿意去深入思考别人的意见，哪怕是更好的办法或观点。

著名的科学家杨振宁在谈到科学家的胆魄时曾说：“当你老了，你会变得越来胆小……因为一旦有了新想法，马上会想到一大堆永无休止的争论。而当你年轻力壮的时候，却可以寻找新的观念，大胆地面对挑战。”他的话道出了权威人士普遍存在的一种心理。这种心理，不仅阻碍了自己在真理的道路上更进一步，而且也成了后继者创新的阻碍。

一次，世界著名的音乐指挥家小泽征尔去欧洲参加指挥家大赛。在进行决赛时，评判委员会交给他一张乐谱。小泽征尔以世界一流指挥家的风度，全神贯注地挥动着他的指挥棒，指挥一支世界一流的乐队，演奏具有国际水平的乐章。

在演奏过程中，小泽征尔突然发现乐曲中出现了某些不和谐的地方。开始，他以为是演奏家们演奏错了，就指挥乐队停下来重奏一次，但仍觉得不自然。这时，在场的作曲家和评判委员会的权威人士都郑重声明乐谱没问题，而是小泽征尔的错觉。

他被大家弄得十分难堪，在这庄严的音乐厅内，面对几百名国际音乐大师和权威，他不免对自己的判断产生了动摇。但是，他思虑再三，仍然坚信自己的判断是正确的，于是，他大吼一声："不！一定是乐谱错了！"

他的喊声一落，评判台上那些高傲的评委们立即站立向他报以热烈的掌声，祝贺他大赛夺魁。原来，这是评委们精心设计的圈套。前面的选手虽然也发现了问题，但在权威面前，他们放弃了自己的意见。

所以，不要因为权威而不敢表达自己真实的意见和想法。要知道，再权威的人士也是人，他们的观点也可能是错的。就算是科学家，有时也会出错。所以说，不要害怕，要敢于推陈出新，挑战权威！

043　独辟蹊径——成功没有固定的模式

西方有句谚语说："条条道路通罗马。"意思是说，通往成功的路有很多条，并非只有一条。而中国也有一句名言，叫“三百六十行，行行出状元”，意思是指不管人们干哪一行，只要干好了，都能出人头地。可见，成功并没有固定的模式，成功的道路也是千差万别的，只有审时度势，随机应变，扬长避短，才能时时走在他人前面。

一位大师手下有许多弟子。一天，弟子们向大师请教成功的法则。

大师讲了一个故事：两人一巧一拙，同去一湖边钓鱼。半小时后，两人都还没有钓到鱼。巧者不耐烦了，不断地更换地方，而拙者始终坚持在原地钓。结果，巧者一条鱼也没有钓到，而拙者钓上了很多鱼。

大师问弟子：“这个故事说明了什么道理呢？”弟子说：“它说明做事一定要有恒心。”

接着，大师又讲了一个故事：两人一巧一拙，同去一个湖上去钓鱼，拙者一直坚持在一个地方钓，结果一条鱼也没有钓上；而巧者在一段时间没有钓上鱼后，便换地方进行新的尝试，结果巧者钓到了很多鱼。

“这个故事又说明了什么呢？”大师问。弟子说：“它说明人不应该墨守成规，勇于探索对一个人的成功很重要。”

大师听完弟子的回答后，又讲了第三个故事：两人一巧一拙，他们同时到一个湖上去钓鱼，但无论拙者怎样固守在一个地方，也无论巧者怎样更换地方，他们最后都没有钓上鱼。

“这个故事说明了什么呢？”大师问。弟子说：“它说明这个湖根本就没有鱼。所以环境对一个人的成功很重要。”

大师继续问：“那这三个故事共同说明了一个什么道理呢？”弟子们百思不得其解，大师说：“这三个故事说明，成功的法则就是没有法则。”

可见，成功并没有现成的、一成不变的套路可用，只有靠自己去发现，去摸索。人们常说“富贵险中求”，这个“险”不光是指危险、风险，还包含了一个意思，那就是“奇”。何谓“奇”？“奇”就是新，是不一样。大凡有所作为的人，他们的成功之道，都有其独特之处。

比如说马云。马云提出按照B2B模式来经营阿里巴巴网站时受到了集团股东和外界的一致质疑。股东们怀疑这种模式会不会在未来过时？而分析师们在给阿里巴巴的目标价定价时显示出来的巨大差距，也让外界普遍不看好。如今，马云的这种电子商务模式正在被越来越多的人接受和肯定，并逐步演变成一种趋势，引领着电子商务的发展潮流。

人们总想找到通往成功的捷径，认为那样可以少走很多的弯路，会更快、更容易实现成功，所以他们四处找人指点迷津，一遇到成功的案例就拿来照搬照抄，也不管这些经验是否符合自己的客观情况，结果像东施效颦一样，非但没成功，还令人贻笑大方。

春秋时期，鲁国一户姓施的人家有两个儿子，一个好学问，一个善兵法。他们都想以自己的专长谋得好前程。于是，好学问的到齐国，以仁义道德的治国理论游说国君，深得齐君赏识，被聘为公子们的老师；爱好兵法的到了楚国，把用兵打仗、强国拓疆的道理说给楚君，楚王听了很高兴，封他为执法将军。兄弟俩都当了官。

孟氏是施家近邻，也有两个儿子，也是一个好学问，一个善军事。他们效仿施家儿子的做法，也外出谋求富贵去了。好学问的到了秦国，用仁义道德劝说秦王，秦王非常生气，认为是帮倒忙。秦王说：“各国纷争，秦国志在发展，此时最需要的是强军厚卫，如果只知仁义，岂不是要走上灭亡之路？”于是将他处了宫刑而后逐出。

好兵法的到了卫国，宣传他练武强兵的治国之道。卫侯说：“卫国弱小，夹于大国之间，对于大国，卫国只能顺从以求安；对于小国，只能安抚以得友。倘若武力对外，到处树敌，则灭亡的日子不远了。”为免此人到其他国家宣传武力，于己不利，卫国派人将他的双腿砍掉，送回了鲁国。

每个人都有自己的个性和长处，没有必要去嫉妒和羡慕他人，更没有必要去模仿他人。模仿别人看起来是在走捷径，也少了许多摔倒受伤的可能，但同样地，也会使你失去开拓新道路的机会。所以，无论好坏，坚持做自己，努力探寻最适合自己的那条成功之路。在这条路上，你只管大踏步地向前走，留下属于自己的脚印，即使最终你没有取得太大的成就，但至少能够活出真正的自己。

自控力测试6　你的生活习惯良好吗

你的日常生活习惯合理吗？安排科学吗？请你在15分钟之内完成试题，根据个人实际情况进行选择。

1.你吃午饭习惯怎么做？

A.很快吃完（0分）

B.特别慢地吃（10分）

C.以平常速度吃完，然后休息（30分）

2.你平时有什么休闲方式？

A.热衷于社交活动（10分）

B.锻炼身体或参加文娱活动（20分）

C.做家务（30分）

3.你如何使用假期？

A.喜欢一次性过完（20分）

B.分两次，分别在冬季和夏季（30分）

C.留着有需要时再用（10分）

4.你下班后通常用多长时间回家？

A.在半小时以内（30分）

B.不超过一小时（10分）

C.先在外面玩几个小时再回家（0分）

5.如果有事须提前起床，你会怎么做？

A.用闹钟定时（30分）

B.让别人叫醒（20分）

C.自然而然会早起（0分）

6.早餐你习惯吃什么？

A.馒头和粥（20分）

B.面包和牛奶（30分）

C.空腹（0分）

7.你近来有什么运动？

A.到外面游玩（30分）

B.干过体力活，参加过锻炼（30分）

C.经常散步（30分）

8.如果有人来拜访你，你会觉得如何？

A.殷勤款待，认为很值得（30分）

B.纯属浪费（0分）

C.相当反感（0分）

9.你一般几点睡觉？

A.按时睡觉（30分）

B.依心情而定（0分）

C.在当天的事都完成后（0分）

10.你会怎样过暑假？

A.待在家里休息（0分）

B.干适当的体力活（20分）

C.经常进行锻炼（30分）

11.你睡醒后的第一件事通常是什么？

A.马上做家务（10分）

B.从容地晨练后再做家务（30分）

C.喜欢赖床，尽量多躺一会儿（0分）

12.当工作中出现冲突，你会怎么做？

A.辩论到底（0分）

B.不管不顾（0分）

C.鲜明地表达出观点（30分）

13.你会怎样表现自尊心?

A.只求结果，不问方式（0分）

B.相信勤奋终会有成绩（30分）

C.希望获得他人认可（10分）

14.你每天什么时间到单位?

A.都在差不多时间到达（0分）

B.误差在半小时内（30分）

C.时间不定（20分）

15.工作任务很多时，你是否还是边工作边闲聊?

A.每天都这样（30分）

B.偶尔为之（20分）

C.几乎不会（0分）

16.你会经常做运动吗?

A.只看别人做，自己不参与（0分）

B.偶尔做操或打拳（0分）

C.没兴趣（30分）

测试结果

低于160分：自控能力不强，生活方式不健康。

160～280分：自控力较一般，生活习惯正常。

280～400分：自控力良好，生活方式比较健康。

400～480分：自控力非常好，生活方式十分健康。

第五节　跟拖延症say goodbye

044　你是否已深陷拖延的怪圈

当今社会，做事拖延已经成为一种越来普遍的现象。据不完全统计，在平均每100个大学生中，就有70人有不同程度的拖延习惯；每100个成年人，就有25人正在受慢性拖延的困扰。在他们当中，95%以上的拖延者希望减轻自己的拖延恶习，因为拖延问题已经严重扰乱了他们的生活状态，为此倍感苦恼。

一家广告公司的策划经理张萍抱怨说："每次打开电脑准备作方案，第一件事不是查资料，而是先光临各大门户网站和论坛。发发微博、逛逛淘宝，最后实在是来不及，才匆匆开始作方案，结果就是草草了事。"

"每天早上，我的闹钟要叫3次，我才会起床，从起床到出门基本花费90分钟，每天迟到。"25岁的公务员苏蓝也有着类似的烦恼。

张萍和苏蓝是众多的"拖延"一族中的一员，他们的抱怨也代表了绝大多数"拖延者"的心声。在开始一项新任务时，他们会自信满满，认为自己一定能做到，但在执行的过程中总是被一连串的思绪、情感和行为波动所困扰。

比如说，学生做着作业，会想："明天还有时间，不如先玩一会儿。"上班族认为："工作实在是太枯燥乏味了，先看会儿时尚杂志，聊一会儿天，放松一下。"结果，有拖延习惯的学生总是像歌词中所唱的"总是要等到睡觉前，才知道功课只做了一点点；总是要等到考试后，才知道该念的书都还没有念"；有拖延习惯的上班族，就像《明日歌》中所唱的"明日复明日，明日何其多”，今天的工作总是要拖到明天，明天又推到后天，到了最后期限了才会急着赶工……

概括来讲，拖延者常常要经历三个心理阶段。第一个阶段，在接受新的任务时，他们会告诉自己“这次我想早点开始”，然后制订严格的行动计划，并觉得自己一定可以圆满地完成任务；第二个阶段，总认为时间充裕，在遇到催促的情况下，他们总会漫不经心地说“还有时间”；第三阶段，在事情越来越不顺利或者感觉越来越枯燥时，他们就会逐渐放慢行动，甚至产生厌烦、逃避的心理。结果等到时间快来不及了，又会自责“我应该早点开始做”。可是，为时已晚，只能处于不停的哀叹中。

实际上他们也知道，拖延会扰乱计划，不仅容易给人留下不靠谱的印象，还会影响自己的职场晋升，扰乱正常的生活秩序。他们也想下定决心克服这个坏习惯，可是，每到执行时总是问题依旧，结果就陷入了拖延—努力克服—拖延的怪圈中，难以自拔。

心理学家们普遍认为，“拖延”算不上真正意义上的病症，但确实可以算是一种普遍的心理和行为问题。

我国心理学博士西英俊认为，人之所以有拖延的毛病，与其人格特质有着密不可分的联系。其中，三种典型人格最容易成为滋养拖延毒瘤的沃土。第一种，强迫型人格。这样的人凡事总是希望尽善尽美，他们害怕失败，觉得慢工才能出细活，却忽略了时间的限制。第二种，依赖型人格。这种性格类型的人由于过分被关爱，养成了依赖别人的习惯，遇事总是犹豫不决，很难独立行事。第三种，逆反型人格。这种人自我控制感太过敏感，他们不愿意被支配，本来想做的事，一旦被交代去做，他们就会用拖延来反抗被剥夺的自主感。

所以，如果你自认为有拖延的毛病，而且想彻底跟它说“拜拜”，那么，首先就要对自己的性格特质有一个客观、理性的认识。如果你属于三种人格特质中的一种，那么努力克服性格上的缺陷和不足是解决拖延烦恼的关键。

其次，拖延者要努力提高自我控制能力。人们之所以会陷入拖延的怪圈，最主要的原因还在于自控力的缺乏。所以，他们总是在该认真学习和工作的时候，脑子里不断冒出想要玩乐、放松的念头，并被这个念头“挟持”，结果影响了做事的进度和效果。所以，要摆脱拖延的烦恼，就要管好自己，设法将头脑中一些不合时宜的念头甩掉，心无旁骛地把事情做好。

045　越拖延，越疲累

许多人都会有这样的经历：容易做的事，比如洗衣服、做饭、吃饭、走亲访友等，总能利落地完成，而对于需要严谨和耐心、耗费精力和时间、需要承担可怕后果、自己特别重视的或者微不足道的一类的事情就会留到后面来做，然后一拖再拖，直到不得已了才去解决。比如说，有的人想来一场“说走就走的旅行”，可说了好几年了，依然不见采取什么具体行动；有的人想当作家，可又总觉得自己的积累还不够，所以无限期地拖延下来，名曰是在准备，其实什么努力也没做……

就这样，越是难以完成的任务，越拖到后面做，结果是任务总是被积压下来，不仅个人会因此背负极大的心理压力，而且任务完成的质量也会下降。

有人曾对某班学生的暑假作业完成时间和完成量作过专门的调查，发现在整个暑假的前四分之三的时间里，这个班学生的暑假作业完成量几乎为零，到了最后四分之一的时间，完成量才开始缓缓上升，直至开学前两三天，作业完成量才急剧上升，直到完成。检查这些学生的作业质量也会发现，越是靠后完成，作业字迹越潦草，而且错误率也越高。

可见，拖延对人们任务的完成和计划的执行都存在着很大的负面影响。心理学家为了证实这一点，曾做过很多相关的研究工作。其中有一个实验正好能说明拖延对任务完成质量存在着较大的影响。

心理学家克劳斯·韦腾布罗赫和丹·艾瑞里曾以大学生为被试，做了一项实验。实验时，实验者将大学生们分成三个班级，分别为A、B、C班。并要求每个班的学生都要在三个星期内完成三篇论文，并告诉他们说，如果不交，将被视作零分处理。

不同的是，实验者对A班的学生说，他们可以在第三周的最后一天晚上交三篇论文；对B班学生说，他们自己先预设好完成的时间，并将时间报告给实验者，然后再按照这个时间上交每篇论文；告诉C班的学生，他们要在每个周末时，上交一篇论文。

三个星期过后，所有的论文都上交后，实验者对论文进行评分，并将这三个班学生论文的完成质量进行对比。他们发现，三个班级中，C班的论文质量最好，其次是B班，论文质量最差的是A班。

这个实验得出的结论就是：拖延会导致最后时间内的任务量增加，越是拖到最后完成的任务质量会越差。

那么，我们该如何避免这种糟糕的情况发生在自己身上呢？从这个实验中，我们就可以得到一些解决方法上的启示。

启示1　现实地对待时间

当我们接受了一项任务，而这项任务必须在规定的时间内完成，那么，我们就要对这个时间有一个客观的分析和认识。在制订计划时，要充分考虑可能出现的各种意外情况，严肃地问自己需要多少天才能做完。在任务量较大的情况下，尽量缩短自己预期完成的时间。比如，这件事情可以在一个星期内完成，但你可以告诉自己时间期限是五天。这样做，一方面可以制造时间上的紧迫感，催促自己尽快完成；另一方面，我们可以利用富余的时间，对工作的内容进行修正，这样就以提高任务完成的质量，减少拖延带来的负面影响。

启示2　将目标分解成短小具体的目标

人们往往会对较大的目标心生畏惧，担心自己完不成，而对于一些具体的、较小的目标，完成起来心理压力会小很多，完成的速度和质量也较高。举个浅显的例子，人要爬上一座1000米的山峰，站在山脚下，一想到要爬这么高的山，大多数人就会觉得沮丧，心里开始打退堂鼓；而如果将这1000米划分为10等份，每爬100米就停下来休息一会儿，看看远处的风景，当你到达顶峰时会发现，爬上1000米的高峰并没有想象中那么难。所以，不妨将要完成的目标分解成具体的、较小的目标，一一去执行。记住，不积小流无以成江河，只要坚持小目标就会累积成大目标。

046　导致拖延的因素

事实上，很多人都能认识到拖延的坏处，可仍有90%的人存在不同程度的拖延，这是为什么呢？导致拖延的因素主要有哪些？而我们又该如何彻底摆脱它呢？

原因1　缺乏自信

心理学家认为，人们对工作能力的不自信是导致拖延的一个重要原因。

一些在工作上遭遇过严重的挫折、不够自信的人，通常容易产生对现实的逃避心理，总觉得自己能力不够，不能胜任有挑战性的工作，于是任务便被积累下来，久久不愿意去完成。而且，他们常常以身体不适、状态不好或者时间不够充裕为借口拖延工作进度。

陈琳怀孕时，准备给肚子里的孩子织一件漂亮的小毛衣。于是，在丈夫的陪同下，她买回来一些颜色鲜艳的毛线和一本介绍织毛衣方法的书。由于没有织毛衣的经验，她总担心自己织不好，所以一直也没有动手。有时候，拿起毛线想织时，她就告诉自己：“好累呀，先看一会儿电视吧，等一会儿再织。”等她再想起织毛衣的事时，丈夫又快下班了，于是事情又推到了明天，原因是“要陪着丈夫聊聊天”。就这样，直到孩子出生时，那些毛线还安静地“躺”在柜子里。

后来孩子一岁岁地长大，可毛衣仍然没有织好。渐渐地，这位母亲已经想不起来这些毛线了。后来孩子上小学了，一次在屋子里玩，无意中发现了这些毛线。孩子说真好看，可惜被虫子蛀蚀了，便拿过去问妈妈这些毛线是干什么用的，陈琳才想起来自己曾憧憬的、漂亮的、带有卡通图案的儿童毛衣。

原因2　过分自信

缺乏自信容易导致做事拖拉，相反，过分自信也会导致同样的情况出现。有一些人，过于相信自己的能力，总认为事情小菜一碟而不把它放在心上。他们坚信自己一定可以在期限快到时完成任务，因此在做事时总是不慌不忙，慢条斯理。可当他们真正开始做时，就会发现事情并没有想象中的容易，只能手忙脚乱地敷衍了事。

小李是某家外贸公司老板的秘书。有一次，老板临时要去日本出差，且要在一个重要的商务会议上发表演讲。于是，他让小李负责草拟演讲稿，并拟订一份与日本公司的谈判方案。就在老板准备出国前的那天早上，部门主管问小李文件准备好了没有。小李睡眼惺忪地说："那个保证没问题！不过，昨天晚上太累了，熬不住就睡了。反正我是用日文撰写的，老板又看不懂日文，不可能在飞机上检查一遍。等老板坐飞机到了日本，我再以邮件传过去就好了。"

谁知，老板在临行前，亲自打电话过问文件的事情，小李把自己的想法告诉了老板。老板一听，脸色大变："怎么会这样，我原本打算利用坐飞机的时间与同行的外籍顾问一起研究一下报告和数据，现在只能白白浪费坐飞机的时间了！"一气之下，老板将小李炒了鱿鱼。

原因3　心态不够积极

小刘是一家外贸公司的职员。每天上班总是最后一刻才签到，走进办公室后，会先花半个小时整理办公桌。整理完，接着拿起客户资料研究起来，半小时后，小刘点了一支香烟，悠闲地抽着。这时，桌上一本杂志的封面吸引了他的注意力，因为封面女郎是他最喜欢的那个女明星。于是，他情不自禁地拿起来，翻看着……一个小时后，等他把杂志放回去时，才想起今天还有很多电话要打呢。

正准备拿起电话，一个客户的投诉电话打进来，他花了近20分钟耐心地给客户解释。挂掉电话，他又去了一趟卫生间。经过茶水间时，他闻到了一阵阵的咖啡香，原来是隔壁部门的同事们在喝"上午茶"。他们邀请小刘加入，小刘心想，接完投诉电话，这会正心烦着呢，哪有心思打电话，于是毫不犹豫地加入了聊天当中。聊天结束时，已经快11:40了，小刘心想客户都快下班了，还是下午再打好了。可是，到了下午，小刘的电话还是没打几个，他的工作计划又泡汤了。

在生活中，像小刘一样心态消极、得过且过的人最容易养成懒散、拖延的习惯。他们遇到事情，不是想着如何将它解决，而是找各种理由推脱。比如说，同是新员工，为什么我要做得比别人多？能把这件事做好的人还有很多，为什么我要强出头？即使心不甘、情不愿地做了，他们也会找各种理由一拖再拖。这样的人，最终只能一事无成。

047　纠正懒惰的生活方式

懒惰最大的恶习就是拖沓，半个小时能完成的作业，两三个小时也完不成；打个电话就能解决的工作问题，可就是迟迟不愿打；只要把衣服塞进洗衣机让它“工作”，可就是不愿意动……如果你问他们为什么干活老是拖拖拉拉，不能按期完成，他们多半也懒得回答，或者支吾半天，不知道如何回答。

从心理学上讲，人的懒惰很多时候是因为对环境过于熟悉而不愿意改变所致。当人们习惯了一种生活环境之后，就会不自觉地产生一种惯性，并且轻易不愿意去打破它。比如说，有的人习惯了屋子的乱七八糟，突然有一天，你帮他把屋子打扫得干干净净，收拾得整整齐齐，他很可能非但不会感激，还会将你大骂一顿，因为你破坏了他的生活惯性。

懒惰、拖延其实是自控力薄弱的表现。如果你不确定自己是否正处在懒惰或拖延情绪的失控状态，可以先对照以下症状，看看自己是否拥有其中绝大多数的症状。如果是，那就说明你是因为生活惯性而懒惰。

你是否是个内向的人，经常独来独往，懒得跟人接触？你是否对外界发生的事情漠不关心，认为那些事情与自己无关？相对于自由自在、无拘无束的生活，你是否更向往那种有规律的起居方式？原本打算今天要完成的事，行动前是否又会犹豫不决，摇摆不定？在自己犯错时，你是否总会找各种各样的理由和借口安慰自己？你所做的绝大多数事情，是否都只是开了个头，而无法坚持将它完成？在做某件事情之前，你会制订行动计划，可总是不愿意照着实施，而使事情不了了之？

如果你对以上问题的回答大多数是肯定的，那么无疑，你是一个懒惰、拖沓又自制力差的人。要纠正这些不好的习惯，就要试着改变一下周围的生活环境，比如说，在客厅里摆放一些绿叶植物，或者经常变动一下家具的摆放位置，定期粉刷墙壁，换用一些具有积极心理暗示的亮丽颜色等。这些方式都可以打破一成不变的生活方式，不仅可以调动你的行动的积极性，提高你的执行力，帮你告别懒惰的恶习，而且对于心情抑郁的人来说，还可以起到调节情绪、活跃心情的作用。

除了改变环境，注意调整心态也是纠正懒惰习惯的重要途径，因为心理恐惧也是造成懒惰的重要原因。心理学家经过研究发现，即便是严重的拖延患者在处理某些自己擅长的、喜欢的事情时也能又快又好地做好，而对他们认为不重要的、不感兴趣的、有难度的事情总是一拖再拖。也就是说，懒惰的人并不是做什么事情都喜欢拖拉，而只是针对其中的某些而已。所以，要克服懒惰的坏习惯，不妨先想想如何让自己积极面对那些难做的、不愿意做的事情。

那么，具体该怎么做呢？你可以先抽出一到两天的时间，记录下来你所做的每一件事，包括你所有的活动。然后，再将诸如吃饭、睡觉这样必要的活动减去，剩下的再按照自己的兴趣一一排列。注意，将自己最不喜欢的事情放在第一位，而最喜欢的放在最末位。

接下来的一周里，你每天早上起床后，先从自己最不喜欢的事情做起，刚开始你可能会觉得有些困难，但只要你能坚持下去，完成第一件事后，再按照计划完成第二件，一直做到你最喜欢做的那件事为止。记住，千万不要在中途跳过那些你不喜欢去做的事情。

这种方法看似简单，实际是在对人的心理不断地进行强化。当你顺利地完成一件你不愿意做的事情时，自信心会增强。它会鼓励你接着完成第二件事、第三件事，直至最后一件。在这个过程中，虽然人的意志力在不断地耗损，但由于事情越来越简单而有趣，需要耗费的意志力也在减弱，所以人更容易坚持下来完成所有的任务。

048　不要再为拖延找借口

在生活中，有很多人总是为自己找很多借口来拖延，比如说，认为自己不具备做某事的条件、时机尚不够成熟、有更合适的人选等，他们一生的岁月就在梦想、等待、计划、分析和准备中蹉跎。实际上，等待、分析、准备只是他们的一个借口，他们在不断地等待、观望中拖延了时间，丧失了机遇，最终一事无成。

人们总是盼望着好的机遇降临在自己身上，可当机遇真正出现时，人们反而又犹豫了，结果在拖延中失去了大好的机会。你是否也有过这样的体验：自己还是一个学生时，班上每次竞选班干部，你还在犹豫着要不要毛遂自荐时，发现已经有人捷足先登了；当你刚从学校步入社会参加工作时，本想好好表现，以获得上司的信任和重用，可总在迟疑中让别人抢了先机；当遇到心仪的对象，你还在考虑两人是否合适时，她已投入了别人的怀抱……

心理学家认为，人之所以会拖延，很重要的一个原因就在于害怕面对失败。当人们在遇到一些没有把握做好的事情时，会“故意”让事情变得不顺利，以便当事情真的失败时找到借口推脱责任。比如说，当任务完成质量不理想时，会将原因归结到时间太短上面，或者归咎于团队成员的不配合等，总之很少有人从自己身上找原因。

有句俗话说得好：“躲得了初一，躲不过十五。”拖延并不能使问题消失，也不会让事情变得简单易处理，反而会制造问题，给自己添加困扰。

比尔曾是一个部门主管，有一次，他没能及时作出关键性的决定而使公司蒙受了巨大的损失，为此，上司不得不将一封解聘信交给他。

比尔满腹委屈地向上司解释说：“这并不完全是我的责任，您知道的，我的工作实在是太多了，每天忙得焦头烂额，连喝一杯水的时间都没有，甚至连晚上睡觉都在想公司的事情。那么多的文件等着我看，我怎么能及时将它们一一看完，并及时作出决定呢？”

为了让他明白自己真正的问题出在哪里，上司将他带到与他同属一级的杰克的办公室，让他看看杰克是怎么工作的。当他们来到杰克的办公室时，杰克正在接听一个电话。电话是下属打来的，杰克在电话里很快就给对方作出了工作指示。刚放下电话，他又迅速签署了一份秘书送进来的合同。接着，下属请示的电话又打进来，杰克在电话中马上给予了回复。

上司转过来头对比尔说：“现在，你明白你的问题在哪里吗？杰克是当时就把经手的问题给解决掉了，所以，他的办公桌上空空如也；而你是不管什么事都接下来，等会儿再来处理，结果你的办公桌上的文件总是堆积如山。所以，公司解雇你并非只因为这一件事的失误，而是因为你拖延的坏毛病。”

所以，如果你想在工作上取得一定的成就，就必须克服掉拖延的坏习惯，千万不要有“这件事情并不急，可以明天再做”“我待会儿再做”这样的念头，要知道随时都可以做的事情，到最后往往却没时间做。所以，经手的每一件事都要立即处理，而不要把事情集中到一块再去外理。短暂的拖延虽然可以让你暂享一刻的轻松，但却足以毁掉你的事业和生活。

戴尔电脑的创始人戴尔认为，在遇到问题时，找各种理由推脱责任的行为是最世界上最没说服力的，而拒绝拖延才是解决问题的有效途径。

拖延并非一种本性，而是一种自控力不强的表现，是一种可以得到改善的坏毛病。所以，想要克服拖延的坏习惯，就要控制住自己想找借口推脱的念头。要知道，时间就是生命，时间就是效率，放纵自己拖延是一种办事低效率的表现，而任何低效率都可能错失良机。所以，不管遇到什么样的事情，只要你下定决心去做，就应该及时去做，不拖欠、不找借口，从现在开始用立即执行的好习惯取代拖延的坏毛病，让我们和拖延说再见！

049　给自己的时间设定期限

经常拖延的人，之所以很难达成目标，是因为他们一直在忙着制订目标，而又不对完成目标的时间加以限制。比如说要求自己“这件事必须要完成”，“我准备花1个月的时间完成这项新任务”等。由于缺乏时间期限，人感受不到完成这件事的紧迫性和重要性，所以事情被不断地搁置下来，悬而未决。

达·芬奇可谓学识最渊博的学者，不仅精于绘画，还同时涉足建筑、解剖、艺术、工程、数学等多个领域，一生写下了大量的笔记。在他的笔记中，人们发现，他不仅是西方第一个人形机器人的设计者，还是第一个绘制宫中胎儿和阑尾构造的人。这些手稿中除了不计其数的绘画方案外，还潦草地记录了许多超越时代的设计：新型时钟、双身船、降落伞、里程表、光学仪器、挪移河流大法仪……

就是这位闻名于世的天才，实际上也是一位拖延症患者。可以说，正是他的拖延症，阻碍了他向更深更广的领域探索，获得更辉煌的成就。

达·芬奇本可以在更多的领域展露他的天赋和才华，但是由于他太拖拉，一些点子想了好多年，有的改了上千次，最终还是由于种种原因导致大多都没有实现。

他的拖延习惯在绘画中亦有所表现。由于太过于追求完美和不断有新的灵感，《蒙娜丽莎》画了4年才完成，《最后的晚餐》历时3年才完成。客户对此十分不满，可他仍然改不了拖拉的毛病。最终，达·芬奇流传下来的画作不超过20幅，并且其中有五六幅到他去世还压在手里没能交付。传说达·芬奇的临终遗言竟然是："告诉我，告诉我，有什么事是完成了的。"这大概是他临终前的幡然醒悟吧，可是，悔之已晚矣。

如果我们不想像达·芬奇一样遗憾终身，那么，从现在起就要改变自己拖沓的习惯。而要纠正这个毛病，就要学会给自己设定期限，并要求自己严格遵守。那么具体该如何做呢？

方法1　计划好完成的时间

在计划完成一件事情时，提前计划好自己的时间，设定好截止日期。计划时间时，一定要将工作和任务之外的事情都考虑进去，比如说休闲、娱乐和陪家人的时间，以免在执行时以此为借口拖延；不要在任务还没有完成时，进行计划之外的放松，否则不加控制，就可能浪费时间，打破既定的截止日期。

方法2　设定一个专注的时间

心理学家在治疗焦虑症时，要求患者每天在固定的半小时内焦虑。在这半小时内，他们可以担忧生活中的一切事情，可半小时结束后就要忘掉焦虑，快乐地生活。一段时间后，心理学家发现，焦虑症患者的症状的确得到了较好的缓解。

我们可以借鉴这种方式，给自己设定专注的时间，提高办事的效率。当我们感觉自己有拖延的迹象时，可以给自己设定30分钟的专注时间。在这30分钟内，我们必须专注于眼前的工作，不受任何的干扰。30分钟过后，休息5分钟，活动一下身体，再进入下一个30分钟的专注时段。如果你觉得自己的控制能力不太好，认为30分钟太长了，那么可以将时间设定为20分钟、10分钟，甚至5分钟；如果你对自己的自控力有信心，觉得时间可以长一点，那么1小时或2小时也可以。只要能让你专注于所做的事，时间长短可根据每个人的具体情况而定。

方法3　进行倒计时

我们在准备实施某项计划时，如果要求自己在2个月内完成，为了制造时间上的紧迫感，可以在家中、办公室以及其他视线所及之处放置一个醒目的牌子，上面写上剩余的时间。看着时间一天天地溜走，我们的内心会因为担心不能在规定的期限内完成任务而产生焦虑感。这种焦虑感将有利于我们更加集中精力完成任务。

这3种方式，你可以任选其一，也可以同时实施。只要严格要求自己，并坚持下去，你会发现自己正在渐渐地远离拖拉这个坏毛病，自我控制能力也会一步步地提升。

050 想象拖延的后果，克制拖延行为

著名的成功励志专家戴尔·卡耐基说：“我所知道生活中最悲惨者，莫过于拖拖拉拉地生活着的。我们都梦想地平线外有一座神秘的玫瑰花园——而忘了欣赏今天盛开在窗外的玫瑰花。”

人总是在追逐梦想，总是相信明天会更好，却忘了把握好“今天”，把本该今天完成的事，推到了明天，明天的事又推到后天……结果在不断的拖延中，生命就不经意间一点点地流逝了。当有一天我们猛然回头时，才发现因为拖延，自己虚度了多少光阴，错过了多少好机会。

有这样一则关于拖延的故事，读来发人深思。

有一个生命垂危的病人在弥留之际，恍惚间看见死神来到他身边。他请求死神说：“请再给我1分钟，可以吗？”

死神很奇怪地问：“你要这1分钟干什么呢？”

病人说：“我想利用这1分钟看看天，看看地；我想利用这1分钟的时间陪陪我的家人和朋友。如果运气好，说不定我还能看见绽放的花朵。”

不料，死神拒绝了他的要求，说：“你的想法不错，但我不能答应你。你曾经拥有足够的时间去做这些事情，但你都没有好好利用。我现在给你看一下你的时间账单。在你这60年的生命中，你有超过1/3的时间在睡觉；在剩下的30多年里，你做事总是拖延，浪费了很多时间；你曾感叹时光飞逝的次数达到了1亿多次；上学的时候，你的作业总是因为拖延而不能及时完成；成年了，你又因为抽烟、酗酒和打牌虚充光阴……”

死神接着说：“我把你的时间明细罗列如下：你从青年到老年共浪费了36500小时，折合1520多天。你做事总是拖拖沓沓、有头无尾，使得事情不断

地要重做，浪费了300多天。因为无所事事，你经常发呆；你经常埋怨、责怪别人，找借口、找理由、推卸责任；你利用工作时间和同事毫无顾忌地聊天，把工作扔到一旁；你进行了无数次无所用心、懒散昏睡的回忆，这使你的睡觉时间远远超出了20年；你也组织了许多类似的无聊会议，使更多的人和你一样睡眠超标；还有……”

死神的话还没说完，危重病人便断了气。死神叹了口气，说：“如果你活着的时候能节省1分钟的话，你就能听完我给你读的账单了。唉，真可惜，世人都是这样，还等不到我读完账单就后悔死了。”

你读完这个故事是什么感受呢？是否觉得自己有时候像极了这位生命垂危的病人，总认为时间于我依旧富裕，所以毫无顾忌地挥霍？人的一生看似很长，可回过头看时它又是如此短暂。你可以给自己时间，可生命却不会给你更多的时间。在这有限的生命里，当拖延成为一种习惯时，死神就会在不知不觉间来临了。

美国独立战争时期，英国的拉尔上校正在玩纸牌，忽然下属递来一份报告，说华盛顿的军队不久将到德拉瓦尔，请求首领前去排兵布阵。但拉尔只是将报告匆匆塞到上衣的口袋里，继续玩牌。等到几个小时后牌局结束，拉尔才展开那份报告阅读。然而，等他调集部下出发应战时，已经来不及了！这一战，英军全军覆没，拉尔本人也战死了。因为一时的拖延，就使他丧失了尊荣、自由和生命！

可见，拖延的后果是很严重的。所以，当你还在为自己的拖沓绞尽脑汁地寻找借口时，不如想想拖延会有哪些后果。只有充分意识到它可能导致的后果，才能主动地节制拖延的行为。比如说，当你想对自己说“不着急，明天再做吧”时，不如想想，工作做不好自己很可能会丢了这份工作；当你拍着胸脯向人保证一定能做完，可又想偷懒拖延时，不妨想想对方失望的表情；当你因为一时拖延而安享片刻时，不妨想象一下不久后自己将被一堆事情搞得心情烦躁，内心充满焦虑和恐惧，食之无味、夜不能寐的情景……总之，对拖延的后果认识越深刻，控制拖延的效果就会越好。

051　激发实现目标的动机，打破拖延

人的思考源于某种心理力量的支持。只有当一个人对某件事情产生浓烈的兴趣和有强烈的达成愿望的动机时，他才会立即采取行动，并坚持下来直到目标达成。而拖沓懒惰的人通常都是缺乏激发他们达成目标的动机。试想一下，一个不渴望得到面包和牛奶的人，会为了得到它们而付出辛苦的劳动吗？当然不会。

很多人虽然看起来越来越成熟，可却渐渐地失去了生活的目标和激情。年轻时，还有自己的理想和抱负，看到别人成功会羡慕，还有几个崇拜的偶像，可如今却觉得生活越来越单调乏味，自己想要的东西越来越少，对自己的要求也越来越低，似乎对什么都没兴趣，行为越来越拖沓……这其实就是一种缺乏渴望、缺乏激情的状态。

其实，每个人都有成功的能力和天赋，关键是你善不善于激发它。习惯拖延的人，并非本性如此，而是缺乏行动的动机。只有激发他内心的愿望，让他意识到某件事对他十分重要，并且必须立刻着手做时，才能打破他拖延

的恶习。

世界首富比尔·盖茨说："凡是将应该做的事拖延而不立刻去做，而想留待将来再做的人总是弱者；凡是有力量、有能耐的人，都会在对一件事情充满兴趣、充满热忱的时候，就立刻迎头去做。"我们对一件事充满兴趣和热忱时行动，与渴望、兴趣消退时再行动，其难易、苦乐是不可同日而语的。只有当你对一件事充满兴趣，热情高涨时，做事情才会是一种乐趣，而这快乐的心情正是激发和鼓励我们坚持下去的理由和动力。

1949年，24岁的罗杰·史密斯自信满满地走进了美国通用汽车公司，应聘做会计工作。他前来应聘的理由仅缘于他父亲曾说过的一句话"通用汽车公司是一家经营良好的公司"。父亲不经意的一句话，激发了他强烈的兴趣，他决定以后一定要去这家公司工作。

在面试时，面试官告诉他公司只有一个职位空缺，而且这个职位负责的工作也十分辛苦，一个新手很难应付得过来。但他当时只有一个念头，就是进入通用汽车公司，展现他足以胜任的能力与超人的规划能力。

罗杰·史密斯的自信给助理会计检察官留下了深刻的印象，当面试结束后，他曾对他的秘书说过，"我刚刚雇用了一个想当通用汽车董事长的人"。

正如这位面试官所说，在32年后，罗杰·史密斯果真成了通用公司的董事长。

有人说："人之所以努力是因为有梦想，人之所以勤奋是因为有追求，人之所以执着是因为有目标，人之所以快乐是因为有希望，人之所以伟大是因为实现梦想。"支撑罗杰·史密斯克服重重困难最终成为通用汽车董事长的正是梦想、追求、目标、希望。所以，如果我们也想成为像罗杰·史密斯那样成功的人，就要设法激发内心对成功的渴望和热忱。这样，当我们想为自己的拖沓找借口时，可以用来激发自己坚持下去，以避免拖延，减少拖延的机会。

汤姆斯出生在美国距离堪萨斯州100英里的小镇上，他以前曾是一个十足的懒汉，整天什么事不干，靠父母微薄的工资生活。后来，他听父亲的一位朋友说，堪萨斯州是一个遍地是黄金的地方，那里的人生活都很富裕、快乐。在20岁时，他离开了家庭和亲友，只身到堪萨斯州讨生活。当时他一无所长，工作很难找，而他甚至无法填饱肚子，生活压力很大。他想过再回到100英里之外的家乡去，但一想到自己又要回到穷困潦倒、得过且过的生活状态中，既不能帮助家里，还要让家里人担心，他又坚定了留下来的愿望，他想靠自己的双手，打造出一片属于自己的天地。

很快，他找到了一份工作，虽然收入微薄，但总算在堪萨斯州站稳脚跟了。后来，有了一些积蓄之后，他开始经商，凭着聪明的头脑和执着的干劲，他的生意越做越大，很快便跻身中产阶级行列。

中国有句古话叫“置之死地而后生”，的确，汤姆斯还是将自己逼到绝路后才成就了一番作为。梦想实现的过程是充满波折的，难保我们不会产生逃避、退缩的念头，为了激发自己坚持下去，不光要有梦想，还要有壮士断腕的决心和魄力，主动切断自己的退路。当我们发现只能前进，不能后退时，自身的潜力也被激发出来了。这时，人的懒惰、拖延的坏毛病都会随着你的努力奋进而自动消失。没有了拖延的困扰，你的生活就会变得豁然开朗，绚丽多姿！

自控力测试7 你正在受拖延症困扰吗

想知道自己有拖延症吗？请在10分钟内完成以下测试。

1.工作任务总拖在最后期限才能完成。

2.上班时间总在网上瞎逛，快到下班才开始忙工作。

3.没工作计划，不懂时间管理。

4.总是“伪加班”，白天可做完的事，总是拖到下班后加班做。

5.总是认为还有时间，不急。

6.懒散，日复一日，总想着明天再做。

7.每当同事或上司询问工作进展时，经常说“让我再看看”。

8.办公室里零食一大堆，上班时间经常吃零食。

9.要做事时，脑子里能冒出各种理由：现在先做别的事，这个稍后。

10.自我麻痹：还来得及，不行就通宵赶工。

11.处理问题不分主次，忙了半天，最紧要的事没做。

12.经常因为时间过于紧迫，草草交差，结果被同事或老板责怪。

13.厚脸皮，别人怎么催，也定力十足，习以为常了。

14.从不主动汇报工作。

15.团队合作时，同事都面露难色，不愿和你合作。

计分方法：选“是”得1分，选“否”不得分。

结果分析：

0~4分　轻度拖延，要当心了，快点找到原因，将它扼杀在萌芽中。

5~11分　中度拖延，它可能已经成为你的一种工作习惯，改变需要时间和耐力。

12~15分　重度拖延，建议重新审视自我，进行职业定位，找一份自己兴趣和能力特长所在的工作。

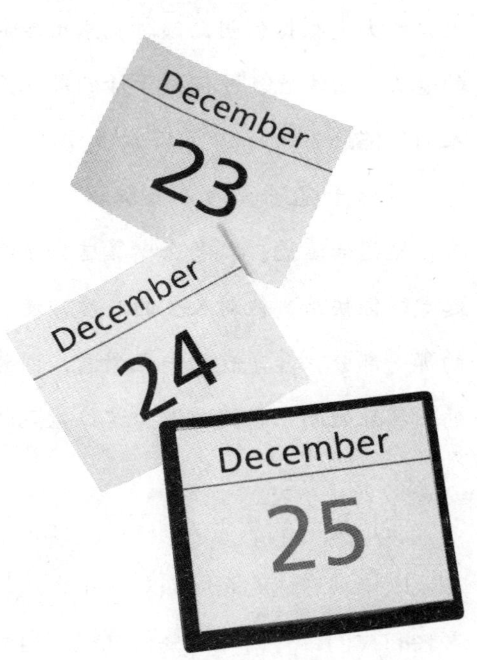

第六节　修炼积极平和的心态

052　建立积极的人生观，摆脱负面情绪

人生不如意事十之八九，我们无法选择即将要发生的事情，但我们可以掌握自己的态度。在很多情况下，并非是生活不如意，而是你选择什么样的态度来面对生活。

一位老太太请了一位油漆匠到家里粉刷墙壁。油漆匠一走进门，看到老太太的丈夫双目失明，顿时流露出怜悯的眼光。不过，男主人是一位开朗乐观的老头，油漆匠在他们家干活的那几天，两人谈得很投机，油漆匠从没提起男人的缺陷。

等活干完了，油漆匠取出账单，老太太发现价钱比原先谈妥的要少许多。她问油漆匠："怎么少算这么多呢？"油漆匠回答说："我跟你先生在一起觉得很快乐，他对人生的态度，使我觉得自己的境况还不算最坏。所以减去的那一部分，算是我的一点谢意，因为他使我不会把工作看得太苦！"油漆匠的回答让她淌下眼泪，因为这位慷慨的油漆匠只有一只手。

双目失明的男主人和只有一只手的油漆匠，虽然身体上有缺憾，但他们却能以乐观豁达的态度面对人生，这是多么的难能可贵呀！而四肢健全、年纪轻轻的我们，有何理由终日沉浸在自己的负面情绪里，不断地自怜、抱怨、悲观和失望呢？

人活着就是一种心态，心态调整好了，骑着自行车也可以快乐地哼着小调；心态没调整好，就是开着跑车住着豪宅也照样牢骚满腹。而调整心态最重要的就是要控制好负面情绪。

心理学上把沮丧、悲伤、焦虑、紧张、愤怒、痛苦等情绪统称为负面情绪，人们之所以如此称呼这些情绪，是因为此类情绪是不积极的，容易给人带来各种不适和危害。当人的情绪变化时，往往伴随着生理变化。中医认为人的情绪和脏腑的健康息息相关，有“喜伤心、怒伤肝、思伤脾、忧伤肺、恐伤肾”之说。生理和心理学研究也认为，人长时间处于负面情绪的笼罩下，抵抗力会下降，易患各种疾病，如心血管疾病、消化性溃疡、糖尿病、哮喘、甲亢等。

另外，长期的情绪恶劣，如不能及时进行调节，还会影响人的各种心理功能，出现注意力不能集中、记忆力下降、无法静心思考等问题，严重的可导致精神分裂症、双向情感障碍、痴呆、强迫症、恐惧症、疑病症等精神病症的发生，严重影响一个人的学习、工作和生活。

很多人都明白负面情绪的危害，可脑海中总是控制不住地浮现出一些生活中不愉快的事情，当他们意识到时，自己已经沉浸在其中很久了。比如说，忙完一天的工作，回到家里想让自己放松一下，但又开始情不自禁地担忧着工作上的事情或者人际关系上的问题；假期到了，一家人本来可以开开心心地出去玩一下，可是脑海里总是担忧这、担忧那，怎么也开心不起来……自己也很希望能够抛开那些烦心的事情，可无论如何努力，都抛不掉那些负面的情绪和想法；或者，即便能暂时不去想那些烦心事情，但过不了几分钟，又会在不知不觉中重新进入了原来的状态。

那么，该如何赶走那些负面情绪呢？这里教大家一个方法。如果想从负面情绪直接过渡到正面情绪，并不容易，但我们可以先把占据在头脑中的负面思维清空，让大脑只将注意力放在自己正在做的事情上，让自己的思维和身体同步。

具体来讲，当你发现自己正被负面情绪困扰时，可以将注意力放在当前正在做或正在关注的七件事情上。为什么是七件事呢？因为太少了作用不大，太多了又容易让人感觉烦琐。当然，具体多少件还是要因人而异。比如说，当你一个人独自在家看电视时，突然想起了单位糟糕的人际关系，一旦你意识到了这是你不想要的负面思维，那么你可以观察一下房间内窗帘的颜色以及上面的小图案，观察一下墙壁上相框的材质，看看上面是否有灰尘，需不需要清洁一下等。当观察完一件事情后，可以进入下一件事。

在这个过程中，你的负面思维实际上已经被当前中性的评估状态的思维自然而然地取代了。这时，你可以再慢慢地将自己的思维往正面的、积极的一面去引导，比如说，想想未来要实现的目标以及如何才能达成这些目标。在这个过程中，你可能还会受到负面情绪的反噬，没关系，再重新来。慢慢地，练得次数多了，你会发现自己控制负面情绪的能力在不断加强，心态也一天天变得积极开朗起来了。

053　停止抱怨，转变你心底的信念

一匹在乡村犁田拉车的白马，总认为自己生不逢时，经常向同类抱怨自己没有赶上伯乐时代，不能成为明星，终将留下老死山野的遗憾。

战马说：“那你和我一起驰骋沙场吧，置身于千军万马之中，你会豪气

万千，英雄无悔，快意人生！”

白马说：“那多危险啊，一不小心就会送命。不去，不去。”

驿马说：“那你和我一起驮着驿使给人们送信去吧，为不同的地域之间架起信息的桥梁，也是一种成就和快乐。”

白马说：“太累了，风餐露宿的，还不如给主人犁田拉车得好。不干，不干！”

赛马说：“那跟我到赛场去吧，只要肯流汗水，鲜花和荣誉将长久伴随你！”

白马说：“竞争太强，压力太大，一点儿也不轻松，受不了，受不了！”

众马齐声说：“如此，即使伯乐在世，你也成不了千里马。”

在现实生活中，很多人都像这匹白马一样，既想成为“千里马”，被“伯乐”慧眼识中，可又不愿意为此付出艰苦的努力。在遇到麻烦和阻碍时，他们想的不是如何去克服它，而是抱怨这个、抱怨那个，很少从自己身上寻找原因。而真正的强者是从不抱怨的，命运把他扔到天空，他就做鹰；把他扔到草原，他就做狼；把他扔到山林，他就做虎；把他扔到大海，他就做鲨鱼。因为他们知道，与其有时间抱怨，不如用它来改变自己。

喜欢抱怨的人都很少意识到：他们抱怨的很多事情正是自己一手造成的。正像这匹白马一样，老是抱怨自己成不了千里马，可实际上正是由于自己害怕吃苦，缺乏毅力和恒心造成的。很多上班族，老抱怨工作太苦、太累，老板太抠，那是因为他们总想着“自己应该得到什么”，公司和领导“没有给我什么”，却不知道反躬自问：“要成功，我还缺少什么？我应该付出什么？我做得够不够？”

从心理学上讲，抱怨实际上是一种逃避现实的表现。这种心态虽然可以帮助我们暂时地避开问题，可是却不能帮助我们解决任何问题。因为这些问题是客观存在的，不会因为你的几句抱怨而消失。

人生不会永远都是一帆风顺的，难免会遇到狂风暴雨的袭击，在困境中，我们要做的不是抱怨，而是要转变信念，相信自己一定能应付过去。当我们有了这个坚定的信念，困难便会在不知不觉中慢慢远离，生活自然又会回到风和日丽的宁静和幸福之中。

一位年轻的农夫，划着小船，去给另外一个村子的村民送自家的农产品。红日当头，农夫汗流浃背，酷热难耐，苦不堪言。他心急火燎地划着小船，希望赶紧完成运送任务，以便在天黑之前能返回家中。

突然，农夫看见前面有一条小船沿河而下，正迎面向自己快速冲过来。眼看着两只船就要撞上了，但对方并没有丝毫避让的意思，似乎是有意要撞翻农夫的小船。

农夫大声地向对面的船吼道："让开，快点让开！你这个白痴！再不让开你就要撞上我了！"但农夫的吼叫完全没有用，那条船依旧不管不顾地向农夫冲过去，尽管农夫手忙脚乱地企图让开水道，但为时已晚，那只船还是重重地撞上了他的船。

"你会不会驾船？这么宽的河面，你竟然撞到我的船上！"农夫被激怒了，他厉声斥责道。可当农夫怒目审视对方的小船时，他吃惊地发现，小船上空无一人。听他大呼小叫、厉声斥骂的只是一只挣脱绳索、顺河漂流的空船。

这个故事给我们的启示是：当你大声抱怨和责难的时候，听众或许只是一条空船。那个惹怒你的人就像这条空船一样，不会因为你的怒吼和责难而改变航向。所以，在遇到问题时，抱怨、责难他人都不是明智的做法，只会给人留下不负责任和不够忠诚的印象，这样下去，我们会因为抱怨而失去很多解决问题的机会，最终离成功越来越远。所以，我们要学会适时地改变自己，努力寻找解决问题的方法，让自己的人生之帆驶向广阔的海洋。

054　破除逃避生活的想法

上帝问三个凡人：你们来到人间是为了什么呢？

第一个人回答：我来这个世界就是为了享受生活。

第二个人回答：我来这个世界是为了承受痛苦。

第三个人回答：我既要承担生活给我的磨难，又要享受生活赐予我的幸福。

上帝给前两个人打了50分，给第三个人打了100分。因为前面两个人都只回答了问题的一半，而第三个人才答出了正确的人生观。

上帝是公平的，不会让你只过一半的生活，而是苦乐参半的，既不会让你的人生充满痛苦，也不可能让你尽情享受。可是人趋利避害的本性，使得许多人只愿投向幸福的怀抱，而一旦磨难出现，便会选择逃避。

为什么很多人明知逃避问题并不能真正解决问题，还是会选择逃避呢？增强自控力真有那么难吗？英国著名心理治疗师温迪·德莱登和杰克·戈登在《情绪健康指南》中提出了“生活逃避式想法”这个概念。他们认为，在每个人的潜意识中都存在逃避现实的想法，认为“生活不可太艰难，如果太艰难还不如逃避算了，我无法为了长远的幸福而忍受一时之苦”。

温迪·德莱登和杰克·戈登还指出，人们可能并没有发现自己有这样的想法，但实际上这个想法在人们还很小的时候就已进入了我们的潜意识。当我们还是婴儿时，必须要满足身体上的欲望和需求，如吃、喝、睡眠等需求。因为如果这些需求得不到满足，我们就很难生存下去。所以，此时只要我们有任何需求，都会得到父母无微不至的照顾。久而久之，我们在潜意识中就有了这样的认知：只要是我们想要的，就会在瞬间得到满足。由于各种不适感会在父母无微不至的照顾下得到满足，所以我们在潜意识中也认为痛苦和不适同样会在瞬间被舒适与快乐取代。

这种即时被满足的模式在小时候是有好处的，它帮助我们生存下来。可是，当我们逐渐长大后会发现，我们所处的世界并不是对我们有求必应、唯命是从的，得到想要的东西，实现自己的目标，不仅要等待，还要付出艰苦的努力。

从即时满足到需要等待、付出努力才能得到满足，这是一段艰苦的旅程，也是一个人在成熟前必须要走完的一段旅程。可是，很多人在走这段路的时候，总认为太艰难而选择了逃避。他们无法为了实现长远的幸福而忍受一时之苦。所以，当愿望不能被即时满足时，他们就选择了逃避、退缩和推延。

从温迪·德莱登和杰克·戈登的分析中，我们可以看出，人之所以很难克服逃避的心态，是因为它违反了人类趋利避害的本性，人们为了逃避痛苦的等待，会倾向于追求即刻的满足。这是我们原始的需求，也是人的本性，可是现实总是残酷的，我们要想追求长久的幸福和快乐，有时就必须要忍受一定的不适和痛苦，一味地逃避是没用的。

有一个人想要搬到另一座城中居住。要过城门时，他问守城人：“这个城市的人好相处吗？”

守城人反问：“你以前的城市的人好相处吗？”

这个人就很惊讶地问：“这有什么关系吗？”

“如果你以前城市的人很好相处，那这里的人也很好相处；如果你以前城市的人不好相处，那么这里的人也不会好相处的。”守城人答道。

在现实面前，任何的逃避和退缩都是没用的。就像这个故事中的人一样，如果你因为跟以前城市的人相处不好才逃到这座城市来的话，那么有可能你与这座城市中的人依然相处不来。有些问题你越是逃避就越会恶化，只有正视它，解决它，才能获得长久的幸福和快乐。

正如美国著名作家、医学博士、心理治疗大师斯科特·派克所说：“生活是困难的，这是一个伟大的真理，最伟大的真理之一。它之所以是一个伟大的真理，是因为一旦我们看到这个真理，我们就会跨越这个真理。一旦我们知道生活是困难的——那么生活就会变得不再困难，一旦承认这一点，生活是困难的事就变得无关紧要了。”

所以，如果我们能够接受“生活是困难的”这个现实，就能理解和接纳生活中的不如意，就不会对生活感到恐怖和忧虑，当然也就不会烦躁、逃避和拖延了。

055　努力追求梦想，但又看淡一切

每个人心中都应该有梦想以及达成梦想的计划，无论你多么勤奋多么努

力，如果没有梦想的指引，也会像没有帆的船，无法掌握自己的风向，到达想要去的地方；如果你拥有梦想，无论你看起来是多么的平凡，梦想看起来是多么的遥不可及，但只要你全力以赴地朝着它努力，看似荒诞的理想也能变成现实。

拿破仑小的时候，他的叔叔问他："你长大了想要做什么？"拿破仑兴奋地说："我要成为一名伟大的将军，带领法国的雄兵，踏遍整个欧洲，建立一个前所未有的超级大帝国，而我要成为这个大帝国的皇帝！"

叔叔听完小拿破仑的抱负之后，当场大笑不已，指着小拿破仑的额头，嘲讽道："空想，你所说的一切全都是空想！想当法国皇帝？那是不可能的！依我看，你长大之后，还是去当一个小说家，反倒更容易实现你的皇帝梦——"

小拿破仑被叔叔这一阵抢白后，不但没有生气，反而静静地走到窗前，指着远处的天边，认真地问道："叔叔，你看得到那颗星星吗？"

此时正好是正午时分，拿破仑的叔叔诧异地走到窗前，茫然地答道："什么星星？现在是中午，当然看不到啊！孩子，你该不会是疯了吧？"

小拿破仑依然不为所动，镇定而冷静地说道："就是那颗星星啊！我真的看得到，它依然高挂在天边，不分日夜，一直为了我而闪烁着，那是属于我的希望之星；只要它存在一天，我的梦想就永远不会破灭。"

事实上，那颗希望之星从未高悬于天际，而是闪烁在拿破仑的内心深处。在它的指引下，拿破仑朝着自己的梦想不断前进，最终成为真正的法国皇帝。

在追寻梦想的途中，每个人都能坚持到最后，成为成功者，关键就在于你是否有义无反顾的决心和勇往直前的毅力。只要有信心，肯努力，梦想的阳光终有一天会照进现实，让你的人生焕发出炫丽的光彩。

梦想是美好的，但是在到达成功的彼岸之前，人难免会遭遇无数次的失败。这时就需要我们有看淡一切的心，以一颗平常心看待成功和失败，既不因为一时的成功而骄傲自满，也不因为一时的失败而妄自菲薄。

有一位享誉世界的女戏剧演员，正站在一艘航行在大西洋的客轮甲板上眺望远处的海景，突然一排巨浪袭来，她不幸从甲板上滚落，腿部受了重伤。客轮抵达附近的港口后，这位戏剧演员被推进了手术室。医生建议将她的一条腿锯掉，否则将有生命危险，而这也这意味着她将从此再也不能登上她心爱的舞台进行演出了。

就在手术即将进行的时刻，戏剧演员突然念起了自己所演过的一段台词。人们都以为她是为了缓和一下自己的紧张和沮丧情绪，可她说："不是的！是为了给医生和护士们打气。你瞧，他们不是太正儿八经了吗？"

手术圆满成功，可这位戏剧演员从此从舞台上隐去了她的身影。不过，她并没有彻底从观众的视线中消失。她从舞台转到了讲台——她成了出色的演说家。她的演说，让她的戏迷再次为她鼓掌喝彩。

这位在人生遭遇巨变时依然能够坦然面对失败的伟大女性就是著名的戏剧家，名叫拉莎·贝纳尔。

拉莎·贝纳尔的人生经历告诉我们：在遇到困难、挫折、突发事情时，不能让灰心、泄气、自卑的情绪控制住自己，而要学会冷静地思考分析，保持心情平和。当一切磨难都被你踩在脚下时，你会发现自己还可以重新站起来，生活还是充满希望的。

人生在世，应该生生不息，为实现梦想而奋斗不止，但更重要的是要有看淡一切的心态，既不为物喜，也不为己悲，既不因为一时的成功而忘乎所以，也不因一时的失意而一蹶不振。拥有一颗看淡得失的心，才能超脱地看待一切，从而才能够平心静气地享受人生。

056　不要被嫉妒蒙蔽了双眼

嫉妒是一种比较复杂的社会心理产物，简单地讲，是指对才能、名誉、地位或境遇超过自己的人，心怀怨恨的心理。在古希腊和古罗马神话中，天后赫拉一直被看作嫉妒的化身；《圣经》里也有凯恩因为嫉妒杀死了自己弟弟的记载。这些都反映了人类社会普遍存在着嫉妒心理。

我国民间一直流传着“妒津妇”的故事：相传，南朝南平王刘伯玉的妻子断氏嫉妒心特别强。刘伯玉曾经称赞曹植在《洛神赋》中所描述的洛神的美丽，断氏听到后，气愤地说：“君何得以水神美丽而欲轻我？我死，何愁不为水神？”后果真投水自杀。于是，后人将段氏投河的地方称为“妒妇津”，凡女子经过此地，都不敢盛装打扮，以免引起段氏鬼魂的嫉妒而使渡口风波大作。

韩国也有一句俗语：“亲戚买了地，感觉自己的肚子疼。”为什么亲戚买了地，自己非但不去祝贺他，反倒感觉不舒服呢？这其实就是嫉妒心在作祟。

那么，嫉妒心是如何产生的呢？通常，人们是以维持和增进自我评价来决定即将要采取的行动的，而与其他人的关系会对原有的自我评价产生一定的影响。当与自己有一定关联的人在自己所关心的领域表现出高人一筹或者是能力表现得比自己强时，人的嫉妒心理就会在比较的差异中产生。相反，如果这个人是自己不认识的，与自己没有任何瓜葛的，那么无论那个人的优势多么明显，也不会牵动我们的嫉妒心。

由此可见，人的嫉妒心理是在比较中产生的，如果一个人始终要将自己与别人作比较的话，他的嫉妒心永远不可能消除掉。如果想要消除嫉妒心，就不要和别人比较，或者用乐观豁达的心态看待你和他人之间的差异。

嫉妒是一种常见但不健康的心理现象。嫉妒心强的人往往好胜心强，自制力差，心胸较狭隘，注重个人得失，不能够关心别人，他们总是积极地阻碍别人超越自己，或破坏别人超越的状态，轻者会造成亲人、朋友和同事间感情的破裂，重者会造谣中伤他人，甚至表现出攻击、破坏别人的行为。

那么，我们该如何消除嫉妒心呢？

注意扬长避短

人之所以嫉妒他人，是因为将注意力放到别人的优势上，而自己在这一方面又恰好处于劣势，拿自己的短处和别人的长处比，产生的较大心理落差是引起嫉妒心理的重要原因。但是，我们却没有注意到自己在另外一些方面优于对方。所以，要想消除嫉妒心理，就要有意识地把自己的“重心”调节一下，更多地立足于自己的优点，这样可以使原本失衡的心理获得某些安慰和支持，以达到新的平衡。这种平衡则会有助于稳定你的情绪和情感。

提高自我修养

嫉妒心严重的人往往心胸比较狭隘，缺乏容人之量。他们喜欢事事受人称赞，却很少称赞别人。与人交往时，总是以自我为中心，希望所有的人都只围着自己转。当别人“抢”了自己的“风头”时，便会感到不满足，甚至发脾气。如果听到别人有好消息时，心里会不高兴，情绪会不稳定，甚至会产生仇恨、报复心理，等等。这类人往往文化水平不高，却又好胜心强，喜欢表现，若要摆脱嫉妒心理，就要多学习一些知识，提高自己的修养，正确认识和对待别人或自己的优劣之处。

进行心理暗示

当感觉自己正被嫉妒情绪笼罩时，进行积极的心理暗示是消除嫉妒心理最常用的一种方式。自我暗示时，注意深呼吸，全身放松，然后告诉自己，别人拥有的东西，是通过自己的努力换来的，如果自己也想拥有，那么也要付出相当的努力才行；想想对方的难处与不足，比方说，对方有一个光鲜体面的工作，可是时间上不自由，而自己虽然没工作，可却有大把的时间做自己想做而对方不能做的事。这样想想，是不是会觉得心情好些了呢，嫉妒心不那么强了呢？

057　站在他人的角度理解他人

有这样一则寓言故事，读来让人深思：

一面大门上挂着一把坚实的大锁，一根铁杆费了九牛二虎之力，也无法将它撬开。这时，钥匙来了。他瘦小的身子钻进锁孔，只轻轻一转，大锁就啪地应声而开了。铁杆奇怪地问："为什么我费了那么大的力气也打不开，而你却轻而易举地就把他打开了呢？"钥匙说："因为我最了解他的心。"

与人相处时，要想与对方彼此认同和理解，避免误会和偏见，首先我们就要学会站在对方的角度上去看问题。这样，才能更好地理解对方的想法，体会对方的情绪，找到更好的解决问题的方法。

哈佛大学商学院院长陶海姆曾说过："当我和一个人会面前，我不会在意在他门外走廊里来回走上2小时。在这段时间里，我更愿意去想想他将如何回答我的问题。这样的准备，将让我很有自信地走进他的办公室。”

所以，当我们希望别人完成某件事情的时候，不妨先闭上眼睛好好想想：“他为什么要这么做？这样做对他有何益处？”站在对方的角度去说服他人，虽然有些费时费力，却可以使结果朝着双方都满意的方向发展。相反，如果你总是以自我为中心，站在自己的角度去看待问题，而不顾及别人的感受，你就一定会成为一个失道寡助的人。

圣诞节那天，一位妈妈带着5岁的儿子去买圣诞礼物。大街上传来阵阵圣诞歌声，橱窗里装饰的彩灯五彩斑斓，可爱的小精灵载歌载舞，商店里五光十色的玩具琳琅满目。

“宝贝，你看，那彩灯多炫丽啊！小精灵们多欢快呀！还有那些漂亮的圣诞礼物……”妈妈兴奋地对儿子说。然而儿子只是紧拉着妈妈的大衣衣角，呜呜地哭出声来。

“怎么了，宝贝？要是总哭个没完，今晚圣诞老人可就不到咱们家去了！”

“我……我的鞋带松了……”

妈妈在人行道上蹲下身来，为儿子系鞋带。无意中抬起头来，她突然发现绚丽的彩灯、迷人的橱窗、漂亮的圣诞礼物都不见了，自己看到的只是一双双粗大的脚和妇人们低低的裙摆……原来孩子太矮了，还看不到这个世界的精彩。

这位妈妈第一次用5岁儿子的眼光来观察这个世界，她感到非常震惊，立即起身把儿子抱了起来……

这个故事告诉我们：在与他人相处时，只有设身处地地站在别人的角度思考，才能最大限度地理解别人，从而找到与人相处的最佳途径和解决问题的恰当方法。

与人交往时，我们要具备换位思考的能力，时刻从他们的角度出发思考问题，在工作中，面对客户、同事和上司亦是如此。李嘉诚总结自己的成功之道时曾说过这样一句话："人要去求生意就比较难，生意跑来找你，你就容易做。如何才能让生意来找你？那就要靠朋友。如何结交朋友？那就要善待他人，充分考虑到对方的利益。"

站在对方的位置上，为别人着想，同样的事情，也发生在摩根身上。在摩根的一生中，曾经有过很多合作伙伴。摩根和合作伙伴的利润分成都是四六开，摩根四成，别人六成。因此，在各行各业，想与他合伙做生意的人大有人在。他的朋友向他建议道："既然有这么多人愿意和你合作，你拿六成也不过分！最少也要五五分成呀！"摩根笑着答道："我拿六成，没有多少人会和我合作；但我拿四成，几乎所有的人都抢着与我合作。单个看，我似乎吃了亏。但是，从总体上看，我获得了多少个四成啊！"

在商场上，不管是竞争对手还是合作伙伴，我们都应该更多地站在对方的角度去考虑问题，考虑他们在想些什么，需要什么，不想失去什么，然后根据这些去制订自己的策略。只有这样，我们才能掌握主动权，因势利导，让事情朝着有利于自己的方向发展。

总之，站在别人的角度考虑问题，将心比心地理解他人，这既是一种待人处事方式，也是一种修炼积极平和心态的方法。一个人学会了换位思考，就会变得宽容、善解人意，他会明白与人方便，就是与己方便；宽容了别人，也就是成就了自己！

058 严于律己，宽以待人

古人有训："严于律己，宽以待人。"所谓"严于律己"，就是严格约束自己，自觉作自我批评和自我检讨；"宽以待人"是指面对别人的误解不心怀怨恨；不苛责他人，允许别人有缺点，不对此妄加评论或宣扬，允许别人有时间和机会改正不足。

宽以待人，严于律己，是中华民族的传统美德，也是现代社会为人处世的正确选择。不过，要做到这一点却并不容易。人是有感情的动物，在处理事情时，往往根据看到的景象，依照自己的价值观和思维模式来决定采取的行动方式和态度，所以，在对待别人和要求自己时就会出现双重标准。于是，总会有这样一些人，他们在评判别人的事情时，常常头头是道，告诉别人应该这样做，不应该那样做。可当自己身陷其中，成为当事人时，往往就没了标准，一不小心，就犯了相同的错误。

一位哲学家在海边看见一艘船遇难，船上上百名乘客和水手们全都丧了命。他痛骂上天不公平，只因为一名罪犯乘坐了这条船，竟让这么多无辜的人成为受害者。

正当哲学家指责上天之际，他发现自己被一大群蚂蚁围住，原来他落脚不远处有一个蚂蚁窝。这时，有一只蚂蚁爬上他的脚背，狠狠地咬了他一口，他立刻气急败坏地踩死了所有的蚂蚁。

天神看见了这一幕，化身为一名白发苍苍的老者。老者用拐杖敲着哲学家的脑袋说："你既然以类似上天的方式对待那些可怜的蚂蚁，难道你还有资格去批判上天的行为吗？"

在生活中，许多人就像这位哲学家一样，一面用放大镜来观察他人的行为，对别人说三道四，品头论足；而另一面却又放纵自己的行为，毫无标准可言。殊不知，人与人之间的交往是相互的，当你用放大镜看别人的同时，别人也会拿放大镜看你，那么一句话、一件微不足道的小事，都有可能闹得不可收拾。

俗话说“心底无私天地宽，人到无求品自高”，一个人只有“以责人之心责己，以恕己之心恕人”才能跳出个人的圈子，真正做到“严于律己，宽以待人”。

人格的魅力多来自严于律己。能做到“严于律己”的人，在看到别人的是非过失时，会反躬自省，提醒自己不要有同样的错误。“静坐常思己过，闲谈莫论人非。”他们常能在静下来的时候，想到自己在做事或待人方面是否有疏忽或亏欠的地方，这样内心自然就少了对他人的抱怨和指责的心情。对自己严格约束，又不过分要求别人，这样的人自然就能够赢得良好的社会声誉。

大将军徐达儿时与朱元璋一起放牛，长大后追随朱元璋四处征战，为明王朝的建立立下了汗马功劳。但是，这样一位战功赫赫的人，却从不居功自傲，而是律己甚严。他经常与士兵同甘共苦，士兵们填不饱肚子，他主动将自己的粮食省下来分给他们；安营扎寨时，总是等到士兵们都安顿好了，才进军营休息；在生活方面，徐达也无声色酒财之好。家臣利用职权之便向农民征收“过路费”，他发现了立即严惩不贷，绝不徇私包庇。因此，史书上评价他说：“妇女无所爱，财宝无所取，中正无所疵，昭明乎日月。”徐达严格要求自己和身边的人，不仅为自己赢得了好声誉，而且在后来朱元璋诛杀功臣的浩劫中安然无恙，得以善终。

“宽以待人”是一种待人接物的态度，也是一种高尚的品德。它是人与人之间交往的润滑剂，可以化解人与人之间的许多矛盾，增强人与人之间的友好情感。俗话说“人无完人，金无足赤”，每个人身上总会有这样或那样的缺点，我们何不多一分宽容和包涵？当年诸葛亮七擒孟获，却又放之纵之，让其自治边夷，最终使其心服口服；林肯提拔格兰特为总司令时，有人说格兰特只会贪杯误事，林肯却笑着说“那我当以香槟相送”，让格兰特充分施展其出色的才干，换来了北军的胜利。这些例子告诉我们一个道理：只要懂得宽容他人的缺点和不足，才能做到才尽己用，开创美好和谐的新局面。

在现实生活和工作中，我们要时常审视自己的观点和做法，严格要求自己的同时，也要多为别人着想，宽以待人，那么你的人生将充满阳光，充满笑声！

自控力测试8　你是一个积极又淡定的人吗

想知道自己的人生态度是怎样的吗？那么，请完成以下测试吧。

1.若有块地是养老用的房子，你会盖在哪？

A.靠近湖边（8分）　B.靠近河边（15分）

C.深山内（6分）　D.森林（10分）

2.你吃西餐最先动下面哪一道？

A.面包（6分）　B.肉类（15分）

C.沙拉（6分）　D.饮料（6分）

3.如果节庆要喝点饮料，你认为如何搭配最适当呢？

A.圣诞节/香槟（15分）　B.新年/牛奶（6分）

C.情人节/葡萄酒（1分）　D.国庆日/威士忌（6分）

4.你通常什么时候洗澡？

A.吃完晚饭后（10分）　B.吃晚饭前（15分）

C.看完电视后（6分）　D.上床前（8分）

E.早上起床才洗（3分）　F.没有特定时间（6分）

5.如果你可以化为天空的一部分，你希望自己成为什么呢？

A.太阳（1分）　B.月亮（1分）

C.星星（8分）　D.云（15分）

6.你觉得用红色笔写的“爱”字比用绿色笔写的更能代表真爱吗？

A.是（1分）　B.否（3分）

7.对于窗帘的颜色，你会选择？

A.红色（15分）　B.蓝色（6分）

C.绿色（6分）　D.白色（8分）

E.黄色（1分） F.橙色（3分）
G.黑色（1分） H.紫色（10分）

8.以下水果中你最喜欢哪一种？

A.葡萄（1分） B.梨（6分）
C.橘子（8分） D.香蕉（15分）
E.樱桃（3分） F.苹果（10分）
G.葡萄柚（8分） H.哈密瓜（6分）
I.柿子（3分） J.木瓜（10分）
K.凤梨（15分）

9.若你是动物，你希望身上搭配什么颜色的毛？

A.狮子/红毛（15分） B.猫咪/蓝毛（6分）
C.大象/绿毛（1分） D.狐狸/黄毛（6分）

10.你会为名利权位，刻意讨好上司或朋友吗？

A.会（3分） B.不会（1分）

11.你认为朋友比家人更重要吗？

A.是（15分） B.否（6分）

12.若你是只白蝴蝶，会停在哪种颜色的花上？

A.红色（15分） B.粉色（8分）
C.黄色（3分） D.紫色（6分）

13.假日无聊时，你会选择什么电视节目来看？

A.综艺节目（10分） B.新闻节目（15分）
C.连续剧（6分） D.体育转播（15分）
E.电影频道（10分）

测试结果：

40分以下：现实且自我的人

你是个很现实的人，为了达到目的，会处心积虑地进行谋划，别人很难猜透你的心思。你总是以自我为中心，常常忽略他人的感受，所以，你时常面临人际关系上的困扰。

40~59分：双重性格，常感觉孤寂的人

你对现实感觉不满，个性孤僻，不容易与人相处。你不知道如何表达自己的感受，觉得没人了解自己，所以经常压抑自己的情绪。你内心充满矛盾，你喜欢人多的场合，可心中仍感觉到强烈的、挥之不去的孤寂感。

60~78分：理性且淡定的人

你做事总是深思熟虑，谨慎小心，凡事要求公私分明。你可能是一个态度严肃且拘谨的人，内心没什么波澜，有时候宁愿独自承受压力和痛苦，也不愿意说出来。你不愿与人计较，希望过平淡的生活。

79~89分：感性的人

表达能力强，想象力分富，爱胡思乱想的你有些多愁善感，容易沉醉在罗曼蒂克与甜言蜜语中，对爱情总是既期待又怕受伤。个性有些优柔寡断，做事常跟着感觉走，让人猜不透你的想法和思考逻辑。

90~100分：领导能力强的人

喜欢思考，做事极有条理，喜欢命令别人，讨厌别人的反抗与被质疑的态度。爱学习，但争强好胜，不容许自己输给别人。当达不到目标时，你会一个人默默地生闷气。

100分以上：积极、热情的人

你个性开朗乐观，做事干脆利落，勇于追求自己的理想，不会轻言放弃，反而越挫越勇。生活中，你富有强烈的同情心，爱助人为乐，不过情绪容易激动，比较不拘小节。

第三部分　做生活中的自控达人

第一节 掌控自我，跨越人际交往火线

059 做好自己，不过分在意他人的看法

人生在世，总会听到别人对自己的评价，有赞扬，有批评，有指责，甚至会有诽谤。这些评价，虽然可以帮助我们从别人的见解中吸取意见，得到教诲，提高自己，但若总是患得患失，过分注重别人的态度，将自己的得失建立在别人的态度上，那么，你原本的特质将会被一点点地被消磨掉，你将会陷入迷惘、痛苦之中。

心理学家认为，人在受到他人的批评和指责时，被批评者的内心就会感觉到威胁，从而产生强烈的不安全感，害怕自己被别人超越，被远远地甩在后边。在这种心理的影响下，人们总是担心自己真如别人所说的那样失败。结果越是担心，越是控制不好自己，表现也就越差。

美国著名的大众科学传播者尼尔·德格拉斯·泰森是一位黑人。他于1991年在哥伦比亚大学取得天体物理学博士学位。当时全美国的天体物理学家不到4000人，而黑人只有7位。在一次会议上，泰森道出了自己从事科研遇到的最大挑战：“全社会都有一个固有的成见，就是认为我们黑人在学术上的失败是意料之中的，而成功则是运气好！”泰森补充说，“我的一生都在和这些偏见抗争，但这就像是在心中被课了‘情感税’，它消耗了我大量的精力，甚至称得上是一种‘智力阉割’，我甚至都不希望这样的事情在我的敌人身上发生！”

泰森的话道出了黑人们必须面对的生存现实——种族歧视。泰森认为社会上对黑人群体的偏见，不仅阻碍了黑人们的智力表现，而那些瞧不起黑人的白人也会有同样遭遇。不管是在学校里、运动场上还是在工作场合中，这些人都害怕自己会如人们预期的那样走向失败。这种焦虑就是泰森所说的“情感税”，也就是“成见威胁”。其实黑人并不比白人智力低，可是在近4000名天体物理学家中，仅有7位是黑人，原因就在于大部分黑人过分在意社会的成见，而将自己的手脚和思想束缚住了。

事实上，我们完全没有必要让别人的看法来左右自己的情绪。一个人再优秀，也会有人不满意；相反，一个人再一无是处，也会有人赞赏。别人认为你好，你未必真的有那么好；别人认为你不好，你也未必就真的那么不堪。其实，好与不好都是相对而言的，并没有绝对的衡量标准。

古代有一位画家，一天他突发奇想，想画出一幅人见人爱的画。他画完后，拿到集市上去展示，并在画旁放了一支笔，并附上说明：每一位观赏者，如果觉得此画还有需要修改的地方，就请在相应之处作上记号。

结果，画家大失所望。原来，画面上竟然密密麻麻地被涂满了记号，没有一处不被指责。画家感到十分困惑，经过一番冥思苦想后，他决定换一种方法。

于是，他又画了同样一幅画拿到集市上去展出。不同的是，这一次，他请每一位观赏者在画上的精彩之处作上标记。结果原先所有被否定指责过的地方，又都被作上了赞美的记号。

最后，画家充满感慨地说：“这件事让我明白一个道理，那就是在任何时候都要坚持自己，不要太在意别人的看法。因为别人的看法永远是别人的，有赞美就会有批评，谁都无法让所有人都满意，重要的是忠于自己的内心。”

任何人都有自己的优点和缺点，当听到别人对自己的缺点品头论足时，我们内心总是很在意，其实大可不必这样，做真实的自己才是最好的。你完全没有必要为了去迎合谁而将自己改得面目全非。别人如果因为看不清事实而误会了你，或者毫无根据地轻视你，甚至是肆意污辱你，那么你或机智幽默地巧妙解释，或者干脆置之不理，付之一笑，因为“清者自清，白者自白”，这反倒越发凸显出你的人格魅力。

人生在世，为的是实现自己的人生价值，而不是为了获得所有人的认同甚至拥护。与其花时间和精力去迎合、讨好其他人，不如坚持做自己认为正确的事情。或许，我们的坚持并不一定是最好的选择，但只要让自己成为生命之船的掌舵人，那么，即使在航行的道路上行驶得有些颠簸，我们也会在快乐中到达人生的彼岸。

060 不斤斤计较，得饶人处且饶人

有人说：“生活中总会有许多这样的情况：你打算用愤慨去实现的目标，完全可以由宽恕去实现。”我们生活在这个纷繁复杂的世界中，人与人之间难免有些磕磕碰碰，只要不是原则性问题，就无须斤斤计较，得饶人处且饶人才会让我们减少烦扰。

生活中，许多的烦恼、愤懑、不安、焦虑等情绪，其实都是因为自己的过分计较而产生的。凡事爱计较，无理也要占三分，言语尖酸刻薄、咄咄逼人的人，容易给人留下斤斤计较的印象，带有攻击性的言语和举动也会让对方感觉不舒服，从而引发不必要的争吵。

一辆正在行驶的公共汽车上，一个年轻的小伙子不小心踩到了一位老大爷的脚。小伙子赶忙说："我没注意，对不起。"这本是一件极小的事情，大家相互体谅一下就过去了。可老大爷偏偏得理不饶人，张口就说："这么大一小伙子，眼神不好啊，欺负我这么大岁数的人干吗？"

小伙子听了老大爷的话心里有些反感，于是，抱歉变成了反击："不小心踩了就踩了，可我什么时候欺负您了啊？"

老大爷一听，更不高兴了，说："得得得，现在的年轻人都不学好。我看你那样儿，监狱里刚放出来的吧？"

这下小伙子一听，更火了："你这人怎么说话呢？"说完就要往前冲。多亏车里其他人左规右劝，才让他们俩消了气儿。

这位老大爷的做法就是典型的得理不饶人，本来只是一件小事，可就是为了这么一点小事斤斤计较，才导致了矛盾激化。

人与人相处，发生矛盾和冲突在所难免，即使是亲如家人、密如友人，也有争吵的时候。一旦起了纷争，即便自己有理，也不要过多地数落和指责。别人有错，很可能自己已经意识到了，心里或许正在懊悔和自责，如果自己不分场合和对象，一味地理直气壮地谴责别人，不仅会让对方难堪，而且容易激怒对方，使矛盾激化，甚至给双方的关系画上终止符。

俗话说："饶人不是痴汉。"饶人之过并不是傻，也不是妥协和退让，而是一种宽容、大度的体现。俗话还说："宰相肚里能撑船。"古往今来，能让世人称赞和崇拜的伟人，都具有一种优秀品质，那就是宽厚待人之心，他们常能容人所不能容，忍人所不能忍，凡事求大同存小异，从不会纠结在鸡毛蒜皮的琐事中，与人斤斤计较。

著名的幽默大师威尔·罗吉士曾说："我从来没遇见过不喜欢的人。"他是这么说的，也是这么做的。

在1898年冬天，威尔·罗吉士继承了一个牧场。一天，他养的一头牛为了偷吃玉米，冲破了一户农户的篱笆，结果被农夫杀死。按道理，农夫应该事先通知罗吉士，说明原因，但他没有这样做。这让罗吉士十分生气。

于是，他带着仆从前去找农夫理论。当他们抵达农夫的木屋时，农夫却不在家。农夫的妻子热情地接待了他们。罗吉士进屋取暖时，看见妇人的面容十分憔悴，她身后还躲着五个干瘦的孩子。

不久，农夫回来了。罗吉士本想开口与农夫理论，忽然又打住了，只是伸出了手。农夫不知道罗吉士的来意，开心地与他握手、拥抱，并热情邀请他们共进晚餐。农夫满脸歉意地说："不好意思，委屈你们吃这些豆子，原本有牛肉可以吃的，但是忽然刮起了风，还没准备好。"罗吉士看见孩子们听见有牛肉可吃，高兴得眼睛都发亮了。

仆从以为主人会开口谈正事，可他看起来似乎忘记了，一直开心地与这家人有说有笑。在回家的路上，仆从忍不住问他："我以为，你准备去为那头牛讨个公道呢！"罗吉士微笑着说："是啊，我本来是抱着这个念头去的，但是，后来我又盘算了一下，决定不再追究了。你知道吗？我并没有白白失去一头牛啊！因为，我得到了一点人情味。毕竟，牛在任何时候都可以获得，然而人情味，却并不是很容易得到的。"

我们生活的世界并不是黑白分明的，而是充满弹性的，关键在于人的态度。如果我们不那么较真，明白哪些事情可以不那么认真，可以敷衍了事，那么我们的内心将会坦然许多，也会有更多的时间和精力去做那些该做的事情。如果我们放弃计较，得饶人处且饶人，那么这个世界将会少一些误解和争执，多一些宽容与和谐。

061 巧妙拒绝，不给他人敌意感

在人际交往中，拒绝别人的要求是很常见的事情，比如说熟人托你帮忙开个后门，信誉不好的人找你借钱，没好感的相亲对象向你表白心意等，诸如这些事，你必须要加以拒绝。不过，拒绝他人时一定要懂得把握分寸，掌握技巧，否则容易引起他人的误会，甚至是敌意。

曹操准备出兵攻打吴国，但考虑到吴国的主将周瑜足智多谋，精通兵法，是灭吴的一大障碍，于是，曹操决定先派蒋干前去说服周瑜。

蒋干一路风尘仆仆地赶到了江东。周瑜听说蒋干来了，心知他来见自己的目的何在，但考虑到两人昔日的同窗情谊，不好撕破脸，将话说得太绝，于是决定先发制人，先挫败蒋干的企图。

两人一见面，周瑜便开门见山地说：“子翼不辞辛苦远道而来，是为曹操做说客的吧？”

蒋干没有料到周瑜如此直截了当，原本心里盘算好的话一时竟不知从何说起，支吾了好久，才说：“我们老朋友相逢，怎能说到这些呢？”

席间，周瑜对众将说：“这是我的同窗好友，虽然从江北来，却不是曹操的说客，你们不要怀疑。”并解下佩剑交给太史慈说：“你佩上我的剑做监酒，今天宴饮，只叙朋友交情，如有谁提起曹操与东吴军旅之事，就斩了他。”蒋干大吃了一惊，始终不敢开口提劝降之事。

宴后，周瑜拉着蒋干的手说：“大丈夫生于世上，遇到知己之主，外托君臣之义，内结骨肉之恩，言必听，计必从，祸福与共，即使是苏秦、张仪、陆贾那样的人再生，又怎么能说动我的心呢？”一番发自肺腑的言语既表明了自己的立场和决心，同时也兼顾了两人的情谊，蒋干虽然有苦难言，却也无可奈何。

在生活中，如何巧妙地拒绝他人是一门高深的学问，也是我们日常生活和交际中的重要内容。热情地帮助别人解决困难是应该的，但人的财力和精力毕竟有限，不可能面面俱到，对每个人都有求必应。所以，面对他人的求助一定要量力而行，如果遇到做不到的事情，就要学会拒绝。

不过，在拒绝他人时，一定要注意技巧。如果你直截了当地说不，一定会让求助者感到失望和尴尬，甚至对你产生不满和敌意，而一个合乎对方期望的回答，即使是拒绝，也能让对方很容易地接受。生活中，我们可以试试以下2种方法。

方法1　另指出路

当你预知对方将会说一些对你不利、你力不能及或者不愿意做的事情时，你可以采用另指出路的办法，以解决问题。

王女士当上了某银行人事处的处长后，隔三岔五就有人前来请求她帮忙，这让她很是头疼。有一天，她的老同学为儿子工作的事找她帮忙。王女士看过她儿子的资料后，知道自己帮不了，因为不仅专业不对口，这个孩子的外语水平也不行，这明显不符合银行的要求。但王女士明白，不能直接拒绝，否则就太不给老同学面子了。于是，她说：“真是不巧，我们最近没有招聘计划，不过你别担心，我认识一个朋友，他那里似乎在招人。”说完，王女士把朋友的联系方式写下来交给了老同学。虽然事没有办成，但那个老同学还是很感谢王女士。

方法2　转移话题

当朋友要求你做某件事，而你又正好不喜欢做这件事，直接拒绝对方，会让对方误以为你不尊重他，这时就可以采取转移话题的办法。比如说，周末朋友想邀你一块儿去看展览，可你不想去人多的地方，你可以建议她："今天天气不错，不如去郊外走走吧，呼吸一下新鲜的空气也好。"这样说，不仅拒绝了对方，还不会让对方感觉不满。

拒绝的方式还有很多种，具体采用什么方式还得根据拒绝的对象和场合而定。不管是用什么方法拒绝他人，都要记住一点：任何人都不想品尝被直接拒绝的滋味。所以，在你开口拒绝别人的时候，一定要三思而后语，尽量将拒绝的话说得委婉、动听一些，以免伤到对方的自尊心而影响彼此之间的关系。

062　注意刺猬法则，既亲近又保持距离

在寒冷的冬天，生物学家将十几只刺猬放到户外的空地上。这些刺猬冻得瑟瑟发抖，为了暖和一点，它们决定靠在一起取暖。可是，当它们相互靠近时，身上的长刺又把同伴刺疼了，很快它们又分开了。可是，天实在是太冷了，它们忍不住再一次靠近。这时，问题再一次出现了，刺痛使它们很快又分开。如此反复多次，它们终于找到了一个最佳的距离，这个距离不但可以使它们免受严寒的侵袭，而且也不会被彼此刺痛。

刺猬如此，人与人之间的交往亦是这样，保持良好的交际关系也要注意保持适当的距离。

一位心理学家曾做过这样的实验：在一个刚刚开门的大阅览室里，只有一位阅读者。这时，心理学家搬了把椅子坐在阅读者旁边，以测试他们的反应。实验进行了整整80人次，结果证明：在一个只有两位读者的空旷阅览室里，没有一个被试能够忍受一个陌生人紧挨着自己坐下。其中很多人会选择在稍远的别处坐下，有人干脆生气地表示："你想干什么？"

心理学家分析认为，任何人都需要在自己周围有一个可以把握的空间。如果有人贸然闯入这个空间，人们会感觉到不舒服，不安全，甚至是恼怒。这就是我们在乘坐公共汽车时，或者去餐厅吃饭时，总愿意挑选周围较少有人的偏僻位置坐下的原因了。如此，我们也能理解为什么乘坐电梯时，当别人靠近时，自己会下意识地调整自己站立的位置，以逃避和掩饰对方太过靠近自己所带来的不快感。

可见，人与人之间的关系并非越亲密越好，如果你冒冒失失地闯进了别人的"禁地"，非但不利于建立良好的人际关系，反而会引起对方的反感。比如说，下属如果刻意接近与领导的距离，容易给领导留下"你正在巴结、奉承我"的印象；朋友之间太过亲近，忘了分寸，口无遮拦乱说话，结果惹恼了对方而不自知；就算是亲如夫妻，如果不留给对方任何自由活动的空间，也会产生矛盾……

可见，在人际交往中，一定要把握适当的交往距离，这样才能像互相取暖的刺猬一样，既能互相关心，又有各自独立的空间。那么，在人际交往中，要保持什么样的距离才是最恰当的呢？

著名的美国人类学家爱德华·霍尔博士认为人与人之间的自我空间范围是由双方的人际关系以及所处情境决定的。由此，他划分了4种区域或者距离，每种距离分别对应着不同的双方关系。

亲密距离

亲密距离就是我们常说的"亲密无间"，其近范围在15厘米之内，在这个距离内可以接触到对方的肌肤，感受到对方的体温和气息；其远范围为15～44厘米，身体上的接触多表现为挽臂牵手或促膝谈心。这种亲密距离只限于情感高度亲密的人之间使用，比如说夫妻和恋人之间，或者同性间十分贴心的朋友之间。其他不属于这个亲密距离内的人，如果未经过对方的同意，不管你的用心和目的是什么，都是不礼貌的，会引起对方的尴尬和反感。

个人距离

这是人际交往中稍有分寸感的距离，个人距离的近范围为46~76厘米，在这个距离内，正好能互相握手，友好地交谈。这是与熟人的交往距离，陌生人进入这个空间会构成侵犯；个人距离的远范围是76~122厘米，不管是朋友还是熟人都可以进入这个距离。不过，熟人之间的交往距离更接近于76厘米的一端，而陌生人更靠近122厘米的一端。

社交距离

这种距离与个人距离无疑又远了一步，已超出了亲密和熟人的人际关系，体现出一种社交性交往或礼节上的较正式关系。其近范围为1.2~2.1米，通常在工作环境或社交聚会上，人们会保持这种程度的距离；社交距离的远距离为2.1~3.7米，表现为一种更正式的交往关系。

公众距离

这是公共演说与观众保持的距离，其近范围为3.7~7.6米，其远范围为7.6米之外。这是一个几乎能容纳所有人的开放空间，相互之间可以视而不见，不予交往。只有将这个距离缩短为个人距离或者社交距离时，才能实现有效沟通。

当然，这种划分方法只是理论上的，人与人之间的交往的距离并不是固定不变的，它具有一定的伸缩性。它会随着对方交谈的心境、双方的关系、社会关系、文化背景、性格特征等发生变化，在与人交往时要注意。

063　己所不欲，勿施于人

《论语》记载着这样一段对话：

仲弓问仁，子曰："出门如见大宾，使民如承大祭。己所不欲，勿施于人。在邦无怨，在家无怨。"仲弓曰："雍虽不敏，请事斯语矣。"

子贡问曰："有一言可以终身行之者乎？"子曰："其恕乎！己所不欲，勿施于人。"

第一段话大意是：孔子学生仲弓问孔子怎样立身处世才合乎"仁"的道德规范。孔子道："出门如去接待贵宾，使唤百姓如去承当大的祀典，都得严肃、认真、谨慎。自己所不喜欢的事情，不要加诸别人。任职在朝没有怨言，落职在野也不发牢骚。"仲弓道："我虽然迟钝，也要照您的话去做。"

第二段话的意思是：孔子的学生子贡问孔子："有没有一句可以让我们终身奉为修身的格言呢？"孔子主说："那大概是'恕'罢！自己所不想要的，就不要加在别人身上。"

这两段对话，都在告诫人们要懂得推己及人，自己不愿意做的事情，就不要强加在别人的身上。你希望怎样生活，就要想到别人也会希望这样生活；你希望别人如何对待你，反过来，别人也会有相同的期待；你希望自己能有一番作为，也要想着帮助别人达成成功的愿望。总之，从自己的内心出发，设身处地地去理解和对待他人，这是赢得良好人际交往的秘诀之一。

一个年轻人去拜访一位年长的智者。年轻人问："请问，我如何才能成为一个自己快乐，同时也能给别人带来快乐的人呢？"

智者微笑着回答说："我送你四句话吧。第一句话是，把自己当成别人。"

年轻人说："这句话的意思是不是说，在我感到痛苦忧伤的时候，就把自己当成是别人，这样痛苦就自然减轻了；当我欣喜若狂之时，把自己当成别人，那些狂喜也会变得平和中正一些？"

智者微微点头，接着说："第二句话，把别人当成自己。"

年轻人沉思一会儿，说："这句话的意思是，要时常站在别人的角度，才能真正同情别人的不幸，理解别人的需求，并且在别人需要的时候给予恰当的帮助？"

智者对他的回答很满意，于是继续说道："第三句话，把别人当成别人。"

年轻人说："这句话的意思是不是说，要充分地尊重每个人的独立性，在任何情形下都不可侵犯他人的核心领地？"

智者哈哈大笑："很好！孺子可教也！第四句话是，把自己当成自己。这句话要理解透彻不容易，留着你以后慢慢品味吧。"

少年想了半天，也不明白其中的道理，问智者道："这四句话之间有许多自相矛盾之外，我用什么才能把它们统一起来呢？"

智者说："很简单，用一生的时间和精力。"

年轻人沉默了很久，然后叩首告别。

后来，年轻人变成了中年人，又变成了老人。再后来，老人离开了这个世界很久以后，人们依旧时常提及他的名字。人们都说他是一位智者，因为他不仅是一个愉快的人，而且还给见过他的每一个人带去了快乐。

人与人之间的交往，都是将心比心的，只有懂得为别人考虑，不将自己的意愿强加在别人头上的人，才能获得别人的认可和尊敬。在生活中，每个人都有自己的个性、立场，每个人所处的环境、扮演的社会角色、拥有的社会地位各不相同，所以每个人对同一件事物的看法也会有所不同。

如果我们只从自己的立场出发去考虑事情，认为别人都应该服从于自己的利益，那必将会导致很多矛盾的产生。妻子会认为丈夫不体贴，丈夫则认为妻子不够温柔；上司觉得下属太过散漫，下属则认为上司过于专制；老师觉得学生不服从管教，学生则认为老师不讲道理……大家都只从自己的立场去考虑问题，那势必会导致沟通和交流无法进行，那么，人与人之间的关系也会如一团乱麻般，变得十分的糟糕。

所以，己所不欲，勿施于人，要学会站在他人的立场上去考虑问题，理解和体谅对方。你希望别人怎样对你，那么你就先怎样对待别人。

064　适时沉默，认真倾听

在绘画艺术上有一种手法叫“留白”，即在作品中留下一定的空白，给人以想象的余地，如此便能达到“此处无物胜有物”的效果。同样，与人交谈时，适时地停顿、沉默是必要的，为的是观察对方的反应，倾听对方的想法，以便更好地了解对方的想法，调整自己的思路。这种停顿、沉默就如绘画中的留白一样，可以达到“无声胜有声”的效果。

在与人交流时，每个人都希望自己的话能够引起对方的关注，理解和认可，有时候为了达到这一目的，会言不由衷地没话找话，说着鸡毛蒜皮之事，或者在一些没有意义的小事上固执己见，企图将自己的想法、意图强加给对方，为此争个脸红耳赤也在所不惜。实际上，这都是交流的误区，不但达不到沟通的目的，反而适得其反，使自己变得更为困惑、沮丧、被动。

比如说，有些销售人员，生怕遭到客户的拒绝，就不断地介绍产品，一个劲儿地强调产品的优点，企图控制语话的主动权。但实际上，这样做的结果往往不理想。因为，他们在与客户的交流中，说得越多，自然就听得越少，而听得少自然就会忽略和遗漏客户的真正需求，结果不但卖不出去产品，还可能引起客户的反感。而真正有经验的推销员，会不时地停下来观察客户的反应，积极引导客户说出自己的需求，并及时调整自己的销售方案，帮助客户找到最适合自己的那款产品。

可见，适时的沉默可以更好地倾听。倾听是我们获取更多信息，正确地认识他人的重要途径。古人言："听君一席话，胜读十年书。"一个人如果总是张嘴说，学到的东西毕竟有限，了解的真相也会少得可怜。相反，如果善于倾听，会发现许多思考问题与解决问题的新办法。

一家公司的经理辞职去了另一家大公司担任总经理职务。刚上任之初，他对新公司的具体情况还不太了解。当下属请他下达指示时，他几乎无法告诉他们什么。不过，好在这位总经理深谙倾听之道，所以无论下属问什么，他总是回答："你认为应该怎么做呢？"通常，这样一问，下属们总会提出许多解决的办法。在倾听下属的过程中，他很快了解到新公司的情况，这样，慢慢地他就可以依据自己多年来的工作经验，帮助他们作出正确的选择。最后，当他的下属向他寻求帮助时，总能满意而去，心里对这位新上司敬佩不已。

在日常生活中，不管是与客户、上司、朋友还是家人交流时，都要注意倾听。倾听是一种姿态，是一种与人为善、心平气和、谦虚谨慎的态度；倾听也是一种有礼貌、尊重对方的体现，是对说话者最好的恭维。正如霍布斯所说："倾听对方的任何一种意见或议论都是尊重，因为这说明我们认为对方有卓见、口才和聪明机智；反之，打瞌睡、走开或乱扯就是轻视。”

倾听是一门艺术，会倾听，会使我们更容易获得他人的理解和信任。美国俄亥俄州立大学临床心理学者、人际专家拉库罗西博士认为，聆听不仅仅是用“耳朵”听，而是要用“全身”听。在倾听他人讲话时，要注意以下5个细节。

第一，注意坐姿。在与人交谈时，特别是与不太熟悉的人交谈时，要端正坐姿，挺直背部，坐在对方的正前方。注意不要歪着身子或者跷起二郎腿，这种姿势虽然舒服，但可能让对方觉得你不尊重他。

第二，眼睛注视对方。对方说话时，总盯着对方的眼睛容易让人产生压迫感，可以保持80%的时间注视对方的眼睛，并适时将视线上下移动，这样有助于谈话顺畅进行。注意不要东张西望，眼睛老盯着别处，这是不尊重别人的表现。

第三，头部朝对方前倾约20度。这样的姿势能传达出“我对你的话题很感兴趣”的意思，给对方一种无形的信心和鼓励。

第四，面带微笑。亲切自然的笑容有助于营造轻松、愉快的交谈氛围，还能表达出你的真诚和热情，让对方放下戒备、敞开心胸。

第五，适时点头附和。在交谈中，每个人都希望得到对方的肯定，适时点头附和，是对对方的一种鼓励和支持，会让对方更加乐于开口，对你的好感也会增加许多。

自控力测试9　你是一个交际达人吗

想知道你的交际能力有多强？快来完成以下测试吧！

1.你与朋友的交往能保持多久？

A.大多是天长地久型

B.长短都有，志趣相投者通常较长久

C.弃旧交新是常有的事

2.你与别人交往中的表现是什么样的？

A.我使人沉思，能给人带去智慧

B.和我在一起，人们总是感到随意自在

C.我走到哪儿，就把笑声带到哪儿

3.与朋友们相处，你通常的情形是什么样的？

A.倾向于赞扬他们的优点

B.不吹捧奉承，也不苛刻指责

C.以诚实为原则，有错就指出来

4.对你来说，与人结交的主要目的是什么？

A.想让他们帮你解决你应付不了的问题

B.希望被人喜欢

C.使自己生活得热闹愉快

5.朋友或同事劝阻或批评你时，你通常会怎么做？

A.愉快地接受

B.非常勉强地接受

C.断然否决

6.出门旅行度假时，你倾向于怎么做？

A.喜欢一个人消磨时间

B.内心非常希望结交朋友，虽然不是很成功，但仍然勇于实践

C.通常很容易就交到朋友

7.结交一位朋友，你通常是怎么开始的？

A.通过某些特定场合的接触开始

B.经过考虑而决定交往

C.由熟人的介绍开始

8.如果别人对你很依赖，你的感觉是什么样的？

A.避之唯恐不及

B.我不太在意，但如果他们有一定的独立性就更好了

C.我喜欢被依赖

9.对那些在精神或物质上帮助过你的人，你通常会有什么感觉？

A.铭记在心，永世不忘

B.认为是朋友间应该做的，不必牵挂在心

C.时过境迁，随风而逝吧

10.对身边的异性，你通常怎么做？

A.与他们互不来往

B.只在必要的情况下才去接近他们

C.乐于接近他们，彼此相处愉快

11.你和一个同事约好了一起去跳舞，但下班后你感到很疲惫，这时同事已回去换衣服，你会怎么办？

A.仍去赴约，尽量显得情绪高涨，热情活泼

B.去赴约，但会询问如果自己早些回家，同事是否会介意

C.决定不赴约了，希望同事谅解

12.别人邀你出游或表演一个节目，你会怎么做？

A.断然拒绝

B.借故委婉推脱

C.兴致勃勃地欣然允诺

13.你交朋友最看重哪一点？

A.诚实可靠，值得依赖

B.能使人快乐轻松

C.对我很欣赏，很关心我

14.在编织你的人际关系网时，你通常会考虑哪类人？

A.上司及有钱有权有势的人

B.社会地位和自己差不多的人

C.诚实且心地善良的人

15.来到一个新的环境，对那些陌生人的名字和他们的特点，你是否能很快记住？

A.通常能很快地记住

B.想记住，但不太成功

C.不在意这些东西

计分标准

题号得分选项

	1	2	3	4	5	6	7	8	9	10	11	12	13	14	15
A	1	1	1	1	3	1	5	3	3	1	5	3	3	1	5
B	3	5	5	3	5	5	1	1	5	3	1	1	1	3	1
C	5	3	3	5	1	3	3	5	1	5	3	5	5	5	3

测试结果

5～29分

你是一个交际达人，你的人生经验丰富，处世圆滑，总能把事情处理得妥妥当当，合情合理。你无论走哪里总是笑脸相迎，因此交际很广泛，知心朋友也很多。

30～57分

你的交际能力一般，虽然也有许多相处不错的朋友，但由于种种原因，其中真正与你推心置腹的知己却不多，你们之间似乎总有隔阂，你应该找找原因所在。

58～75分

你的交际能力较差，人生经验不够丰富，你常常独来独往，给人以高傲、拒人以千里之外的感觉。这些缺点会阻碍你的成功，希望你多找找别人的优点，努力做一个合群的人。

第二节 掌控自我，做职场上常青树

065 舍博弃杂，无须事事通

我们经常会看到这样一种现象：很多自诩上知天文、下知地理，说起话来口若悬河、夸夸其谈的人到最后往往一事无成。在职场上，这类人被称为“职场杂工”。他们不同于一般的“跳槽一族”，总是徘徊于不同行业间；他们也不是“万金油”，而是“周身刀，没一把利”，行行都会一点，可都是浅尝辄止，掌握的都是些皮毛，结果几年下来，时间浪费了不少，却没有拿得出手的业绩和经验。反倒是那些智力和能力平凡，默默无闻却“术业有专攻”的人到最后成就斐然。而什么都想学、什么都想做的人，虽然也在苦苦奋斗，可到最后总是广而不精，还是一无所获。

其实，好学是好事，但人的精力和时间毕竟是有限的，我们很难做到面面俱到，不如舍博弃杂，专注于自己擅长的事情。

腾讯集团CEO马化腾对此深有感触，在总结自己的成功之道时，他说：“我一直专注做自己擅长的事情。”不仅身边熟悉他的人能证实这一点，而且几乎所在业内的合作伙伴在提到这位年轻的总裁时都会竖起大拇指，认为“这是一个做事专注的人”。

马化腾不仅是这么说的，也是这么做的。在他的带领下，腾讯公司花了整整5年的时间，只做完善和规范QQ服务的工作，终于成为国内唯一一家专注从事网络即时通信的公司。马化腾对此也不无骄傲地说："最初有几家有实力的企业都在做与我们类似的事儿，可只有我们一家公司专注于做即时通信服务。专注使我们在技术上有了积累，而其他公司大多采用外包的形式开发，不是自己去做，只用合同约束，用户接触的只是一个客户端的软件。我们与他们不同，在后端做的工作更多，难度也更大。"

长时间地专注于自己的目标，不容易。可正是不容易，这个世界上才有了两种人：成功者和失败者。马化腾之所以能成功，得益于他专注做自己擅长的事情。

在职场上，真正像马化腾那样"术业有专攻"的人很少，"博而不精"的人却很多。"博而不精"的坏处不仅在于浪费时间和精力，最重要是会导致职场竞争力的缺失，长时间处于这样的状态下，会给未来的职业道路蒙上一层不确定的阴影。

小陈大学选择专业时，没有考虑自己的兴趣和专长，而是听从了父母的建议选择了相对热门的专业。结果，在校期间他对所学专业提不起兴趣，没有好好学习。毕业后，他也不打算从事本专业的工作，所以在求职时也没有明确的方向，不管什么行业，只有自己能作的就去尝试。

结果工作5年了，看似做了很多工作，但对哪一行都只是一知半解，什么都会一点，但都没有累积起相应的职场竞争力。在重新找工作时，他发现自己虽然掌握了不少基础工作能力，可在激烈的职场竞争中却毫无胜算可言，眼看着快奔三的人了，却仍无一技之长，这让小陈既焦急又迷茫。

小陈就是典型的"博而不精"，他在选择职业时，没有全面了解自己的能力和兴趣，对职业目标也没有一个准确、清晰的认识，所以几年下来，只是积累了一堆对未来职业发展没有太大价值的经验。要摆脱目前的困境，小陈的当务之急就是先确定好自己的职业方向，然后朝着这个目标，脚踏实地、心无旁骛地专注于所从事的职业，慢慢累积起自己的职场竞争力。

现在，随着社会的不断发展，各行各业的分工也越来越细化，“万金油”式的人物早已不再吃香了，而“高、精、专”人才则成为各大企业争相抢夺的香饽饽。如果你还抱着不求甚解的心态辗转于不同行业间，那么，最终你只会一事无成。

066 着眼细节，从点滴处要求自己

南非有一位品德高尚而且十分富有的企业家建了一所女子学院。在那里，女孩子们不仅能够受到良好的英文教育，还能学习怎样独立。企业家需要一位负责人兼老师照顾女学生们的学习和生活起居。学校董事会向他推荐了一个人选，一位他们认为既具有学识和修养，还有完美风度的女士，大家一致觉得她是最合适的人选。企业家感觉自己很幸运，于是立即邀请那位女士前来面谈。交谈之后，企业家发现这位女士的确具备所有他们要求的素质，但最后并没有录用她。

董事们都感觉很奇怪，“为什么要拒绝一位如此能干的老师呢？”企业家回答说：“那是因为一个小细节，一个像蝌蚪文字一般隐伏着重大意义的小细节。那个女青年来我这儿时，穿着昂贵的时装，戴的手套却肮脏破烂，一个邋遢的女人不适合做任何女孩的老师。”

那位前来应聘的女老师可能永远都不会知道自己落选的原因，因为她无论从哪方面来讲都很适合这份工作，但却因为一些小细节而与机会擦肩而过。

“天下难事必作于易，天下大事必作于细”，想要干成一件大事，必须要从细小的事情开始做起；想成就一番事业，也要从小事做起。在生活中不拘小节，可能有人认为你洒脱，可在职场上，一个小小的疏忽就可以让你功败垂成。

海尔集团前总裁张瑞敏先生就说过这样一句话：“什么是不简单？把每一件简单的事情做好就是不简单；什么是不平凡？把每一件平凡的事情做好就是不平凡。”世间的任何事，都是由一些小细节构成的，你能否注意它，并且做好它决定着你的成败。

有这样一则故事，相信会给你一些启发。

两个年龄差不多的年轻人同时受雇于一家店铺，并且拿同样的薪水。可是一段时间之后，叫阿诺德的小伙子青云直上，而那个叫布鲁诺的小伙子却仍在原地踏步。布鲁诺见阿诺德的工资比自己高许多，对老板的不公正待遇感到很不满，于是找到老板抱怨。老板一边耐心地听着他的抱怨，一边在心里盘算着怎样向他解释清楚他和阿诺德之间的差别。

“布鲁诺先生，”老板开口说话了，“你今早到集市上去一下，看看今天早上有什么卖的。”布鲁诺从集市上回来向老板汇报说：“今早集市上只有一个农民拉了一车土豆在卖。”“有多少？”老板问。布鲁诺赶快戴上帽子又跑到集市上，然后回来告诉老板一共40袋土豆。“价格是多少？”布鲁诺第三次跑到集市上问来了价钱。“好吧，”老板对他说，“现在请您坐到这把椅子上一句话也不要说，看看别人怎么做。”

这时，刚好阿诺德也从集市上回来了，并告诉老板说到现在为止只有一个农民在卖土豆，一共40袋，价格是多少多少；土豆质量很不错，他带回来一个让老板看看。这个农民一会儿还会弄几箱西红柿来卖，价格也很公道。昨天他们店铺的西红柿很快就卖完了，他想老板肯定会要多进一些，他不仅拿回来一个西红柿样品，还把那位农民也带来了，正在门口等着回话呢。此时老板转向了布鲁诺，说："现在您肯定知道为什么阿诺德的薪水比您高了吧？"

从这个故事中我们可以得知：很多时候，人与人之间能力的差异主要表现在他对细节的把握程度上。细节会让精细者旗开得胜，让粗心者一事无成。很多刚入职场的人往往不懂得细节的重要性，"小事不愿干，大事干不了"成了他们最大的障碍。

小张刚进入一家大公司做经理助理，他很努力，也很勤奋。有一次，他加班熬夜到半夜，终于把老板明天要演示的PPT上的数据整理完毕，检查一遍后作了保存，然后回家了。第二天到了演示的现场，小张突然发现自己的笔记本电脑开不了机，偏偏现场网络也不通，没办法下载PPT。老板质问他："为什么不用U盘备份文件，这么简单的细节你都想不到？"

偶尔的失误，可能会得到别人的谅解，如果这样的粗心大意接二连三地出现，就容易给人留下办事心不在焉、工作态度不认真的印象，即使不被解雇，领导也不敢委以重任，等于是自毁了前途。所以，在工作中，即使再小的细节也不能忽视。

067 戒骄戒躁，笑到最后才是赢家

一天，孔子带着学生到鲁桓公的庙中去参观，在庙中见到一种能够装水却容易倾斜的器具。孔子问看守庙宇的人："这是什么器具？"守庙的人回答说："这是放在座椅右边用来警示人们的器具——欹器。"孔子说："我听说这种座具在水不多不少时是端正的，而在没有装水或者装水太满时，它就会倾斜、翻倒。"说完，孔子回过头来对学生说："往里面灌水吧。"他的学生提水来灌，倒一半的水，欹器就端正了；倒满水，欹器就翻倒了；倒空了水，它又倾斜了。孔子感慨地说："唉，哪里会有满了而不倾覆的呢！"

俗话说"月盈则亏，水满则溢"，人的内心就像这盛水的欹器一样，对自己的评价过低，就无法端端正正、挺起胸脯做人；对自己评价过高，人就会骄傲自满，沉溺于已获得的成绩而止步不前；而只有自我评价不高不低、恰到好处的人，既不会自卑自惭，也不会目空一切，才能积极地面对人生。

从心理学角度讲，工作出现自满、焦躁情绪是自控力不强的体现。骄傲自满的人总是自恃能力很高，认为凭自己的能力可以解决一切工作上的问题，从而不愿意潜下心来继续学习深造。他们对上司交给的任务也是马马虎虎地完成，总认为自己是大材小用了。工作时，内心总是焦躁不安的人往往沉不住气，要么做事毛毛躁躁，要么急于求成，结果"欲速则不达"，不仅浪费了时间和精力，还造成成本的增加，甚至功亏一篑，无法挽回。

骄傲自满、轻浮焦躁的情绪是阻碍人们事业发展的最大阻碍。古人云："骄兵必败。"意思说，自恃强大、骄傲自大的军队必打败仗。老子也说："轻则失本，躁则失君。"意思是，轻浮自满就丧失了根本的原则，躁动就会丧失主宰的地位。这两句话的意思是在告诫人们要戒骄戒躁。

在韩国曾有一家著名的企业——大宇集团，其总裁金宇中用手中的4000美元开始创业，在短短的几年内就创造了700亿美元的资产，使名不见经传的小公司一跃而成为跻身世界排名第115位的跨国集团。不过，好景不长，几年后，大宇集团旗下的公司纷纷倒闭，集团也因资不抵债而宣告破产。前后出现如此大的反差，原因就在于金宇中被成功冲昏了头脑，开始骄傲自满、独断专行起来，盲目地扩大公司规模，在短时间内，旗下的公司就多达600多个。分公司众多，集团很快陷入资金周转不灵的危机，最终导致集团破产。

像大宇集团这样的例子并不是极个别的，不仅国外经常发生，国内也并不少见，像巨人、南德、爱多等就是例子。这些企业都在短时间内迅速崛起，创造了一个又一个“神话”，可又如昙花一现般迅速销声匿迹。究其原因就在于，企业的领导者在取得了一定的成功后，被荣誉和奖赏冲昏了头脑，渐渐地失去了理智，变得骄傲起来，逐渐放松了对自己的要求，结果就慢慢地下滑，最后跌倒了。

真正成功的人向来都是虚怀若谷、谦虚好学的，无论事业多么成功，他们始终能保持清醒的头脑，从不趾高气扬，所以他们能成就一番更大的事业。

洛克菲勒在谈到自己的成功之道时，曾这样说道：“等我的事业渐渐有些起色的时候，我每晚把头放在枕头上睡觉时，总是这样对自己说：‘现在你有了一点点成就，你一定不要因此自高自大，否则，你就会站不住，就会跌倒。你要当心，要坚持前进，否则你便会神志不清了。’我觉得我对自己进行这样亲切的谈话，对于我的一生都有很大的影响。我恐怕我受不住成功的冲击，便训练自己不要为一些蠢思想所蛊惑，觉得自己有多么了不起。”

正是因为洛克菲勒始终保持着清醒理智的头脑，才使得他的事业稳步发展，日臻兴盛。作为职场中人的我们也要具备这种不骄不躁的心理素质，不管我们资质如何，也不管我们有多少缺陷和不足，都要始终清醒地认识自己保持清醒的头脑，因为这才是决定成功的最关键的因素。真正的强者能在取得了一点成绩时不骄傲自满，在未成功时，也不焦不躁，坚定地朝着目标努力奋斗。所以，为了梦想不懈努力吧，能笑到最后的才是真正的赢家！

068 居安思危，小心驶得万年船

《左传》载："居安思危，思则有备，备则无患。"这句话的意思是说，当人们身处安逸的环境中时，一定要注意提高警觉，预防祸患。作为职场中人，要想在激烈的职场竞争中立稳脚跟，首先就要有居安思危的忧患意识。无论是提拔升迁，获得老板赏识，还是事业小有所成，一定要保持一颗警惕之心，切不可得意忘形，否则等待你的将会是悲哀、遗憾和无法估计的损失。

王先生曾有着颇为辉煌的经历。年轻时，他是厂里的一名技术员。在32岁那年，他毅然辞职下海，与朋友合伙创业，办了个小型零件加工厂，收入一下子比同龄人高出一大截。生活宽裕了，家里的电器设备也跟着频繁地更新换代。他不仅买了房、买了车，每年还带着太太到各地旅行。安逸、富足的生活逐渐消磨掉了王先生的奋斗热情和毅力。很快，他的企业就因为没跟上时代发展的潮流而倒闭了，他也跟着失业了。眼看着剩余的那点钱快花光了，王先生年龄偏大，又没技术、没学历、没证书，而且不懂投资理财，而心理的巨大落差使他没法放低身段去外面求职，这让他顿时没了方向。后来，为生活所迫，他在朋友的推荐下，去给一家私人企业的老板开车。可是，不到半年，他的这份工作又丢了，老板找了个愿意24小时随时待命的小伙子取代他，这让王先生备受打击。此时的他内心既沮丧又迷茫，真不知道未来的路该怎么走。

与王先生的窘境不同，身为公务员的刘先生再过两年就能正式退休，安享晚年了。其实，刘先生曾经也只是工厂里的一名普通工人，不过热爱学习的他找到了一条改变自己命运的道路：报考警察学校，当人民警察。这是一份在他看来更加稳定、更有保障的工作。那时候，孩子还小，刘先生白天要上班，回到家里还要帮忙照顾孩子。当他将大大小小的事情忙完，拿起书来时，已经是深夜了。终于，在这样艰苦的条件下，刘先生以优异的成绩考入了警察学校。顺利毕业后，他被分配到地方派出所当了一名人民警察，这一当就是近30年。如今，离退休仅一步之遥的刘先生，早就计划好了自己的退休生活。他说："是时候和老伴一起到处走走看看，享享清福了。"相比王先生来说，刘先生的退休生活显然惬意许多。

常言道："一个国家没有忧患意识，很快就会走向毁灭；一个企业没有忧患意识，很快就会被淘汰；同样，一个人若没有忧患意识，就会不进反退。"造成王先生和刘先生两人今天这般迥异的结局，正是源于忧患意识。王先生在事业如日中天时，只顾着享受安逸的生活，而放慢了前进的脚步，结果，不但事业急转直下，而且生活也日渐窘迫；而刘先生虽然生活过得平静、清苦，但他懂得尽早为自己谋划更安稳的生活，并朝着这个目标不断地努力，终于获得了回报。

在心理学上，有一个有趣的实验叫"温水煮青蛙"。实验者将一只青蛙放进冷水锅中，任其自由游动，然后用小火慢慢加热。随着温度的逐渐升高，青蛙并没有跳出锅去，而是被活活煮死。而当实验者将另一只青蛙放进沸腾的水中时，青蛙一触到沸水，便立即跳出了水面。

实验者分析这种现象认为：接触沸水的青蛙能明显感觉到刺激，所以能马上逃离险境；而温水中的青蛙，由于水温是缓慢变化的，青蛙没有明显感觉到刺激，反而觉得这一温度正适合，放松了警惕，没有了危机意识，而当它感觉到危机时，已经没有能力从水里逃出来了。

人如果像温水中的青蛙一样，丧失了忧患意识，只会在麻木中死亡。在漫长的职业道路上，不管你是初涉职场的菜鸟，还是久经沙场的职场老将，我们都要时刻记得保持清醒的头脑和敏锐的感知，并及时对新变化作出反应。

总之，在如今风云变幻的职场，我们要懂得居安思危，更要懂得如何化危机为动力。要知道，危机能让人灭亡，但同时也是契机。当我们勇敢地面对危机时，沉睡在内心的巨大能量往往会被激发出来，这些“意外”获得的能量会推动我们创造一个又一个奇迹，从而使我们的人生更加精彩。

069　三思而后语，不要逞一时口舌之快

职场是一个充满竞争、利益庞杂的地方，要维持好的人际关系不容易。而语言交流正是建立和维持人际关系的纽带。作为职场中人，即使你平时能言善辩，也一定要注意规范自己的言语，收敛张扬的言行，说话前最好想想这样说是否妥当，不要逞一时口舌之快而说错话，或因说太多话而招来不必要的麻烦。

说话之前一定要先看看自己说话的空间和时间，认真地思考一下，自己的说话是说给谁听的，听众是哪些人，他或者他们现在是什么处境。每个人说话都会带有一定的目的性，特别是在职场中。所以我们在说话时要根据听众的

情况和讲话时空的情况，并围绕一定的目的进行交谈。如果你说的话不符合当时的语境，就会因不合时宜而引起他人的反感。

在一次面试时，面试官仔细看了小杨的求职简历后问他：“你已经毕业一年多了，为什么工作经历这一栏是空白的？”

原来小杨大学学的是冷门专业，毕业后很难找到工作，后来他又报考了会计方面的研究生，不想没考上，只好再次加入到求职者的队伍中。由于小杨专业上没什么优势，再加上心态也没调整好，好几个月过去了，仍然没有找到工作。

面对面试官的质疑，小杨不知道如何回答才好，便说：“前一份工作压力太大了，我辞职后，去丽江玩了半年。”

面试官一听，心里一沉，暗想：“丽江啊，我想了好几年都没去成。你倒好，一玩就是半年。我们这份工作也需要承受一定的压力，如果让他来做，干不了几天，估计也得走人。”于是象征性地问了几个无关痛痒的问题后，就结束了面试。很显然，小杨被淘汰出局了。

面试的过程就是语言沟通的过程，面视官通过你的言辞来了解你的品性和能力，面试者则通过这个方式充分地展示自己。在这个过程中，准确地表达自己是十分重要的，任何一句不够“慎重”的话，都有可能成为你失去这份工作的理由。

不光是面试时说话要慎重，在工作中的其他一些场合，也要注意自己该说什么，不该说什么，以免犯错。

在一次学术研讨会上，某人在酒桌上向邻座的人讲起某校校长的秘密来，一边说着攻击对方的话，一边表现出对校长卑鄙行为的大为不满。

这时，旁边一位太太问他说：“先生，你认识我吗？”

“还没有请教贵姓。”他回答说。

“我正是你说的那位校长的妻子。”

这位先生尴尬万分，不知道说什么好。

这位太太很有教养，没有当面指责他，但这位口无遮拦的先生给别人留下的印象一定不怎么样。

有句话叫“说者无意，听者有心”，脱口而出的一句话，在不同的场合，不同的人听了之后会产生不同的想法。即便是一句无心的话，说错了也是很难补救的，所以说话时不能只说自己想说的，还要考虑一下受听者是否能够接受。

如果有些话你想说但又不适合在当前的场合中说，就需要自己积极地去寻找适当的场合。比如说，领导了解到下属正面临着生活上的难题，想开导他，帮助他走出困境，重新投入到工作中时，如果把部属直接叫到办公室谈很可能会让部属有所顾虑，无法敞开心扉；如果领导换个场合，去部属的家里进行开导，谈话的气氛会更轻松，彼此的心也会贴得更近。

另外，话语是否适合在某个场合说，很多时候是由语境来决定的。语境，简单地来理解，就是我们常说的上下文，也就是说，你的话要与前面的话存在一定的逻辑关系。上司问你这个月的业绩如何，你不能回答他你在公司待几年了，或者你接下来的工作计划等与问题毫无关系的问题。同样，你在与同事讨论时下的流行趋势时，自顾自说些家长里短就显得不合时宜了。

语言不仅是重要的沟通、交流工具，也是我们了解一个人的重要手段。所以，当我们开口说话时，不能心里想什么，马上就脱口而出，而要去了解和体会听者的感受和需要。这样，才能更好地与听者达成共识，增进彼此的了解，加深彼此的感情。

070　站在上司的角度看问题，练就把控大局的能力

领导能力再强，职位再高，毕竟也是人，也会有自己忧虑的事情。作为员工不妨换位思考一下，站在领导的角度去思考问题，让自己拥有领导的心态。可以经常问问自己："如果我是领导，我会怎么做？"这样不仅能炼就自己把控大局的能力，还能真正替领导分忧解难。在领导眼中，你不仅忠诚可靠，而且还有出色的办事能力，是不可替代的。这样的员工哪个领导不喜欢，不愿意委以重任呢？

萨克斯顿在著名的传播机构贝尔·霍韦公司任职时，主要负责对公司众多分支机构进行分析，拟订计划以协调它们的工作。当时，分公司维尔丁电影制作公司一直处于亏损状态。要不要关闭这家公司，公司总裁陷入了两难，关了吧，前期投入的资金都打了水漂，而且当初开办这家分公司还是自己力排众议提出来的，现在关了，自己的颜面何存？可是不关吧，以现在的经营状态，只会亏损更多。

萨克斯顿看出了总裁心中的忧虑，为此他提出了一个具体的市场开拓计划，并建议总裁停止电影制作业务，将业务集中在咨询顾问及推销新品上。总裁对此大为赞赏，立即将萨克斯顿提拔为该分公司副主裁，主管市场开拓。萨克斯顿果然不负众望，在不到一年的时间里就让维尔丁公司扭亏为盈。萨克斯

顿用业绩向公司管理层证明了自己的能力，也为自己争取了一个更高的职位。

萨克斯顿之所以能够得到重用的一个很重要的原因就是他能够站在领导的角度考虑问题，设法为领导分忧解难，这一点值得职场中的我们学习。如果你总能想领导所想，急领导所急，忧领导所忧，积极主动地发现问题，并解决问题，领导不但会领你的情，而且会越来越欣赏你，从而逐渐提拔你、重用你。

李敏是某市委办公室的科员，经常会遇到群众上访要求见领导解决问题的事情。领导毕竟精力有限，如果事事都要亲自过问，势必会影响全局工作。每当有来访者吵着要见领导时，李敏都会勇敢地站出来，了解情况，解决纠纷，遇到无理取闹、胡搅蛮缠的人，也不怕得罪人。对一些重大的上访问题，他会先调查清楚，安抚好上访者后，再向领导请示，从不让领导直接面对棘手的问题。大大小小的事情他总能处理得妥妥当当的，不仅让众人心服，同样也得到了领导的赞扬。

像李敏这样的下属，哪个领导会不喜欢呢？所以，同样作为下属的我们，也要想想“我能为领导做些什么”，在领导遇到难题，迫切需要帮助的时候，我们需要施以援手，为其分忧解难，而不是袖手旁观，甚至将麻烦推给领导。

小雨在一家化妆品公司任职。有一次，公司的化妆品质量存在问题，引起社会公众的投诉。电视台来这家公司采访时，最先遇到了作为总经理助理的小雨。小雨见这阵势，害怕自己被人逼问说错话，就对记者说：“这件事情，我也不太清楚，我们经理正在办公室，你们可以去问他！”

这下可好，记者们都冲进总经理办公室，经理毫无退路，想躲也躲不了，又毫无心理准备，只好硬着头皮接受了采访。事后，经理得知小雨不但没有处理好此事，反而将记者推给了自己，十分生气，将小雨炒了鱿鱼。

作为管理者，要管理好一家企业，身上背负的责任和压力是可想而知的，如果事事都要过问一番，恐怕也是心有余而力不足。作为员工，除了要干好本职工作外，还要力所能及地帮领导处理好一些棘手的事情，帮领导出谋划策，共同渡过难关。领导即使嘴上不说，心里也会对你另眼相看。

那些才能卓越的员工都深深地懂得一个道理，那就是与其对领导阿谀奉承，不如力所能及地为领导排忧解难。在领导遇到困难和麻烦的时候，他们不仅能看到，而且还愿意第一时间站出来，为领导冲锋陷阵，披荆斩棘。俗话说“助人者多助”，何况帮助的对象是有能力左右你职业风向的领导。你主动帮助领导解决了麻烦，在你需要帮助的时候，当然领导也不会忘提携你一把。

自控力测试10 你能否在职场中把控好自己

成功和失败往往只是一线之隔，那么你会是职场上的成功者还是失败者呢？想知道答案，先来测测你的职场自我控制能力强不强吧。

1.一觉醒来，你的第一个感觉是什么呢？

A.精神焕发，感觉新的一天真美好（跳转至第2题）

B.巴不得是星期天，可以赖在床上（跳转至第3题）

2.今天你起床晚了，面对妈妈为你准备的早餐，你会怎么办呢？

A.不吃了，空着肚子急急忙忙地出门（跳转至第3题）

B.一边啃着面包，喝着牛奶，一边往外走（跳转至第4题）

C.宁愿迟到也不放过美味的早餐（跳转至第5题）

3.你每天都按时按点起床和睡觉吗？

A.按时按点（跳转至第4题）

B.不或不一定（跳转至第6题）

4.听完明天有雨的天气预报之后，你会早早在包里放一把折叠雨伞吗？

A.是的（跳转至第7题）

B.不是（跳转至第5题）

5.在上学途中偶遇自己心仪的对象，你会怎么做呢？

A.大声跟对方打招呼，然后顺势走上前去（跳转至第8题）

B.不动声色地接近对方或跟在后面（跳转至第7题）

C.觉得尴尬，故意回避对方，生怕被看见（跳转至第6题）

6.放学的路上有三条路可以回家，你会选哪一条呢？

A.直线距离最近，但没什么小店可逛、没什么风景可看的路（跳转至第7题）

B.有几家小店可以逛逛，但稍微远一些的路（跳转至第9题）

C.经过一个游乐场，相对前面两者更远一些的路（跳转至第8题）

7.看电视看到高潮的时候，突然很想上厕所，你会怎么办呢？

A.不能憋坏自己，宁愿错过高潮也要先方便（跳转至第8题）

B.必定强忍着，非要看过精彩的部分才肯上厕所（跳转至第10题）

8.如果你感冒了，家人又不在，你一个人躺在床上，会自己起来熬点粥吗？

A.会（跳转至第9题）

B.不会（跳转至第10题）

9.你的好朋友再次失恋了，凭直觉你认为她的下一次恋情什么时候会到来呢？

A.半年之内（跳转至第12题）

B.一年之后（跳转至第11题）

10.如果你在考试的时候作弊，你估计你的下场如何呢？

A.顺利逃离监考老师的视线，作弊成功（跳转至第12题）

B.当场被监考老师捉住（跳转至第11题）

11.你最讨厌以下哪种类型的售货员？

A.瞧不起人的售货员（跳转至第13题）

B.爱理不理的售货员（跳转至第14题）

C.过分热情的售货员（跳转至第12题）

12.逛街的时候，你看见朋友小淘在跟一家小店的老板吵架，你会怎么做呢？

A.马上走过去帮忙调解纠纷（跳转至第13题）

B.装作没看见，赶紧离开（跳转至第14题）

13.你准备到户外活动活动，下面哪个安排最合你心意呢？

A.生态公园露营（跳转至第14题）

B.划船或漂流（跳转至第15题）

C.钓鱼或烧烤（跳转至第16题）

14.当你走在路上的时候，走在你旁边的小学生摔倒了，你会怎么做呢？

A.帮忙扶起他（跳转至第15题）

B.自己走自己的（跳转至第17题）

15.如果你因为踩到香蕉皮而摔了个四脚朝天，你将作何反应呢？

A.大骂“是谁这么缺德呀”（跳转至第18题）

B.马上爬起来，装作什么都没发生一样，迅速逃离现场（跳转至第17题）

C.大声抱怨“真是倒霉到家啦”（跳转至第16题）

16.班长通知你，老师叫你去办公室，凭直觉你认为老师要跟你说哪方面的事呢？

A.商量学校歌咏比赛或运动会的事情（跳转至第19题）

B.成绩下滑，让你好自为知（跳转至第18题）

C.表现欠佳或被人打了小报告（跳转至第17题）

17.学校举办运动会，你会参加哪支志愿服务队呢？

A.运动员联络队（跳转至第19题）

B.比赛用品发放队（跳转至第18题）

C.医务队或饮料派发队（跳转至第20题）

18.朋友告诉你，她要用多米诺骨牌砌个埃及艳后图案，你认为她会成功吗？

A.一定能成功（跳转至第19题）

B.不会成功，肯定半途而废（跳转至第20题）

19.橙汁、水果沙拉、炸鸡翅，这三样东西你最爱哪一个呢？

A.橙汁（跳转至第21题）

B.水果沙拉（跳转至第20题）

C.炸鸡翅（跳转至第22题）

20.你希望自己将来能够就读一所什么样的大学呢？

A.普通大学（跳转至第21题）

B.名牌大学（跳转至第22题）

21.火山、云朵、雨，这三样里面你最喜欢哪一个呢？

A.最喜欢火山（跳转至第22题）

B.最喜欢云朵（跳转至第24题）

C.最喜欢雨（跳转至第23题）

22.你最喜欢以下哪一个词？

A.花好月圆（跳转至第23题）

B.天长地久（跳转至第24题）

C.青梅竹马（跳转至第25题）

23.回到家，你看见桌子上有一个包装精美的盒子，你会怎么做呢？

A.直接打开，看个究竟（跳转至第26题）

B.先捧起来掂量一下，等家人回来一起打开（跳转至第25题）

C.虽然好奇，但由于没写明是给自己的，所以只好不管它（跳转至第24题）

24.表姐想参加新星选拔赛，而她父母却想让她考空姐，你认为她会怎么做呢？

A.无法与家庭抗衡，只好报考空姐（跳转至第26题）

B.想办法说服父母，参加新星选拔赛（跳转至第27题）

C.参加新星选拔赛和报考空姐同时进行（跳转至第25题）

25.考试前的那些日子，你在温习了2个小时的功课后，会怎么样呢？

A.吃点喝点，再调整好情绪继续温习（跳转至第26题）

B.换换脑子，跟朋友通通电话（跳转至第27题）

26.你相信星座运程分析吗？

A.对大多数的运程分析都深信不疑（跳转至第27题）

B.看过就忘了，娱乐一下而已（跳转至第29题）

C.不相信，无论好坏都不会放在心上（跳转至第28题）

27.当你遭遇失败时，会怎样安慰自己呢？

A.可能自己真的做错了什么（跳转至第30题）

B.下次我会做得更好的（跳转至第29题）

C.失败就失败喽（跳转至第28题）

28.你喜欢圆点图案还是条纹图案呢？

A.圆点图案（跳转至第29题）

B.条纹图案（跳转至第30题）

29.当你无意中看到一个帅气十足的男生时，你会怎么做呢？

A.暗自惊叹“这个男生真帅呀”（跳转至第36题）

B.觉得很舒服，偷偷地欣赏他（跳转至第31题）

C.将对方想象成自己的男朋友（跳转至第32题）

30.你的性格更接近以下哪一种呢？

A.凡事循序渐进（答案A）

B.喜欢迎接挑战（跳转至第31题）

31.你携带一份地图独自旅行，当在一个陌生的地方迷路时，你会怎么做呢？

A.向附近的居民或便利店的人问路（答案D）

B.仔细看地图，希望自己能解决问题（答案F）

C.到处乱转，直到彻底绝望才问路（跳转至第33题）

32.填写大学志愿前，老师告诉你，你考重点大学的成功率在20%左右，你会怎么办呢？

A.坚持报重点大学，非要搏一把，暗自用功（跳转至第34题）

B.决定改填有把握的学校（答案C）

33.对于喜欢的书籍，你是怎样放的呢？

A.放在自己熟悉的地方，比如枕头旁边、抽屉里（答案C）

B.小心翼翼地放在书架的较高层（跳转至第35题）

34.考大学前半年，你就计划好将来要报什么科系了吗？

A.已经计划好了（答案B）

B.还没想过这个（答案A）

35.考试前一天，死党约你去看电影，你会拒绝吗？

A.会的（答案F）

B.不会（答案D）

36.你准备向心仪的男生告白，你会选以下哪种方式呢？

A.直接打电话（答案B）

B.发邮件或在QQ上告白（答案E）

测试结果：

A.稳扎稳打型　自我控制能力：75分

你行事理智，有恒心，有毅力，做事十分有条理，似乎一切都在你的掌控中。你的成功指日可待，但美中不足的是，你有点保守和不知变通，凡事求稳，缺乏冒险精神。所以，不妨胆子放大一点，那样你的成就可能会更大。

B.完美主义型　自我控制能力：90分

你是一个凡事力求完美的人，你明白要想成功，必须要靠自己的努力付出才行。所以，你一直都在默默耕耘，不断地提升自己的学识和处世技巧。虽然在别人眼里，你活得有些辛苦，但专注于事业的你前途将一片光明。

C.点到为止型　自我控制能力：65分

你不爱出风头以引起大家的关注，凡事抱着随遇而安、顺其自然的态度，这使你活得相当轻松自在，一天到晚都是开开心心的。虽然在有些人眼里，不愿强出头又不愿与人比较的你有些不思进取，实际上要真正发掘你的潜力的话，还是能收获成功的。

D.风吹即倒型　自我控制能力：30分

缺乏自控力的你，很难独自完成任何任务，总是希望别人帮你打点一切，甚至帮你作决定。一遇到替你出主意的人多了，你就左右为难，不知道该听谁的，进退为难。其实，靠别人不如靠自己，不妨试着从打理好自己的事情开始吧。

E.妄自尊大型　自我控制能力：50分

自认为自控力超强的你讨厌被人指挥，你觉得凭自己的经验和方法就能摆平一切困难，可结果往往总是不尽如人意。有时你也会干涉别人的所作所为，你总认为自己很有说服力，可实践却证明你出的点子并不是明智之举。为此，朋友对你的判断力也产生了巨大的怀疑。

F.知己知彼型　自我控制能力：80分

你也许算不上绝顶聪明，但你过人的自控力和判断力却让你脱颖而出。你总比别人早一步预料到事情的结果，并提前采取应对的策略。你很清楚自己的优点和缺点是什么，所以你能恰到好处地展现自己的强项，懂得如何为自己的人脉拓展牵线搭桥，遇到事情能够调用自己的关系网络，使事情顺利完成。

第三节 掌控自我，让你收获爱情和婚姻的幸福之花

071 幸福是自己创造的，而不是别人给的

我们每个人都希望生活幸福，但幸福是什么呢？恐怕不是每个人都能说出个所以然来。美国著名心理学家、宾夕法尼亚大学教授马丁·瑟里格曼认为，幸福=快乐+意图+参与。他通过这个公式告诉人们：幸福并不是空等来的，也不是别人给予的，而是需要你具有快乐的能力，获取幸福的意图以及积极参与的行动力。简而言之，幸福是要靠自己创造的，而不是靠别人给予的。

其实幸福离我们并不遥远，它既不是遥远天边的一抹云，也不是悄然盛放在梦境里的一朵花。它就像空气一样，就在我们身边，在我们每一天的努力中，在每一分钟的爱意里，每一秒钟的期待里。它就在眼前，触目皆是；它就在身边，触手可得。不懂得它的人，即便它就在眼前，也会对其视而不见；善于抓住它的人，虽然身处逆境，也能看见它散发出的耀眼光芒。

她和他刚结婚没多久，男人就因工伤失去了双臂。这对于原本幸福的小两口来说，无疑是晴天霹雳。几乎所有的亲戚朋友、街坊邻居都认为这个小家庭恐怕是要毁了。妻子虽然也很伤心，难过，但依然深爱着丈夫，于是不离不弃、任劳任怨地照顾着残疾的丈夫，靠自己的力量支撑着这个家庭。

男人体谅妻子的辛苦，为了能减轻妻子的负担，他付出了常人难以想象的艰辛学会了用脚自理生活。后来，身残志坚的他又开始学习用脚写字，练字的辛苦和痛苦常常让妻子看了偷偷落泪。最终，经过不懈的努力，他的书法作品参展后屡次获得奖项，他也渐渐有了些名气，前来找他买书法作品的人越来越多。就这样，原本艰难的生活随着夫妻二人的努力越过越富裕。而且经过这番磨炼后，夫妻二人的感情更加深厚了。

有人说，婚姻生活就如同一艘船，虽然有明确的航向，但谁也无法预料船会在何时搁浅、触礁，甚至是沉没。的确，我们无法控制意外的发生，唯一能做的就是时刻调整好自己的心态。在生活遭遇危机时，我们要做的不是抱怨，不是叹息，不是自暴自弃，而是设法创造条件，将逆境变成顺境。在这个过程中，男女双方都要摆正心态，多包容和理解对方，用心去经营婚姻，设法去创造获得幸福的条件，这样才能让婚姻幸福美满。

如果你总在抱怨生活如死水般，沉闷、单调、乏味，你就该反省一下自己付出了多少。你在期待着丈夫的一句甜言蜜语，或者给你一个意外的小惊喜时，是否想过主动给予对方？你在失落难过时，希望妻子主动安慰和鼓励自己时，是否想过妻子也有情绪低落的时候？当两个人之间的话越来越少时，你是否想过要改变这种糟糕的状况？如果不是，那么，你就该行动起来了。因为，与其等待别人给予的幸福，不如自己主动改变，这样不仅会少一些抱怨，多一分快乐，还能给身边的人传递幸福和爱的能量。

那么，我们该如何去创造幸福，增进夫妻双方的感情，给平淡的婚姻生活注入一丝生机呢？

一起散散步，谈谈心

夫妻之间要多沟通，彼此关心，互相理解和包容。不妨一天抽出30分钟的时间，一起散散步，谈谈心，讲讲工作中的烦恼，说说生活中的琐事，聊聊孩子的事情，等等。这样做可以及时了解对方的想法和感受，有助于化解误会，使两人的关系更亲密。

一起做一些有趣的事情

兴趣是最好的老师，兴趣也是感情交流的媒介。所以，在晚上或是周末，两人可以相约去一家新开的餐馆吃顿饭，品尝一下不同风味的菜肴；或是一起去看场电影，重温一下恋爱时的甜蜜时光；抑或是一起去报个学习班，学习一些两人都感兴趣的知识和技能……总之，两个人一起做一些你们一致认为有趣的事，可以增进交流，让心情更加愉快。

互送礼物，给对方惊喜

尽情发挥你的想象力吧，无论是一本有趣的书，还是一束花，还是洗个热水澡并按摩，抑或是一些爱情便笺，都可以在让对方感到惊喜之余，体会到你的浓浓爱意。这是快乐和幸福的处方，更是维护良好夫妻关系的重要基础。

尽量装扮，协商经济问题

漂亮的女人最自信，而自信的女人才最有魅力。所以，每天要花点心思，将自己打扮得整洁得体，这样才能始终吸引住对方的目光。遇到经济问题时，主动找对方商量，如果是自己创业，那就要相互告知利润和损失，若是家里有需要花钱的地方，也要一起商量一下，这样可以让双方的关系建立在相互信任和苦乐同享的基础之上，有助于夫妻关系的增强。

珍惜多少，才能拥有多少

大多数人都有这样的体会：陌生人对我们表示一点点哪怕带有目的性的关爱，便能让我们十分感激，而身边的爱人、亲人默默无私地为我们付出，可我们却视而不见，无动于衷。这是为什么？这其实就是贝勃定律在作怪。

著名心理学家贝勃曾做过这样一个实验：一个人右手举着300克重的砝

码，这时在其左手放305克的砝码，他并不会觉得有多少差别，直到左手砝码的重量加至306克时他才会觉得有些重。如果右手举着600克，这时左手上的重量要到612克才能觉得重。也就是说，原来的砝码越重，后来就必须加更大的量才能感觉到差别。这就是贝勃定律。

从这个实验我们可以得出这样的结论：人在经历强烈的刺激后，之后施予的刺激对他来说就变得微不足道了。也就是说，第一次的大刺激能冲淡第二次的小刺激。当刺激反复进行时，人对刺激的敏感度就会越来越低，甚至是毫无感觉了。

有这样一个例子，很能说明道理。

有两对相爱的恋人，他们的成长背景、年龄阶段和交往过程都大致相同，唯一不同的是，其中一对的男孩每个周末都会送女友一束玫瑰花，而另一对的男孩则只会在情人节那天送给女友玫瑰花。由于两位男士送花的频率不同，两位姑娘的感受也截然不同。

经常收到花的姑娘，看起来对男友没有什么不满意的，神情也相当平静，可当她看到别人给自己的女友送去一大把蓝色妖姬时，会情不自禁地流露出羡慕的神情；而那位只在情人节收到花的姑娘，当手捧着男友送给自己的红玫瑰时，内心满满地被关爱、呵护的极度甜蜜感占据，竟然旁若无人地与男友拥吻在一起。

这个例子指出了人们普遍存在的一种心理现象——不珍惜眼前拥有的幸福。这就是在恋爱时，在还不熟悉对方的情况下，对方的一点点微不足道的关怀都会让你感觉情深似海；而在相恋许久，步入婚姻之后，原来相同的关爱会让你觉得平淡如水的原因了。其实，并不是对方对你的关心少了，爱情变质了，而是我们心里对爱的标准和要求变了。

也就是说，我们变得更贪婪了，只有得到更大的满足时，我们的内心才会感受到幸福。所以，我们拥有了爱情，却期望着能再有一份浪漫出现；拥有了平实的婚姻，却期望着再有一份激情；拥有了房子，想要车子；房子、车子都有了，还想要别墅……

人活着要有欲望，但如果欲望超出了现实，就成了奢望了。随着欲望的不断升级，人的压力会越来越大，我们对身边的人就会少了一份关心，多了一份漠然，再也不会轻易被身边的人感动了。而心已经被欲望麻痹的人，又如何会懂得感恩，懂得珍惜眼前拥有的幸福呢？

于是，生活中经常会上演这样的闹剧：一对夫妻感情不和，看对方是横竖不对眼，觉得对方身上全是缺点，实在令人难以忍受，于是离婚了。可离婚不久后，回忆起两人在一起的甜蜜时光时，会发现对方并不像自己当初认为的那般一无是处，这时想到的又全是对方的优点，感到“失去了的才是珍贵的”。所以，不管是恋人也好，爱人也好，当发生一些不愉快的争执时，不要盲目、冲动地作出选择，要想想对方的优点和平日里对你的关心和爱护。要知道，心怀感激才会懂得珍惜，也才能感受到更多的幸福。

爱人虽然是这个世界上与我们最亲近的人，但也是独立于我们之外的个体，拥有独立的人格，有自己的愿望，也希望得到我们的关爱。所以，对于他们的关爱和帮助，我们要把它当作额外得到的一份奢侈，应抱着感恩的心，像感谢陌生人一样，“滴水之恩，当涌泉相报”，而不是视而不见，认为理所当然，甚至是以德报怨。这样的话，对于亲密之人哪有公平可言？所以，从现在起，善待你身边的人，珍惜你拥有的幸福吧！

072 充分的信任，是浇灌幸福之花的水分

夫妻产生一些矛盾和分歧是在所难免的。这时，就需要本着一份信任，去支持和理解对方。只有用信任之水来浇灌婚姻这块沃土，才能开出幸福之花。

如今，生活节奏越来越快，工作竞争也越来越激烈，很多夫妻迫于生活的压力而疏忽了相互之间的交流。白天忙于工作，晚上下班回家了，也是各忙各的。有些夫妻甚至长期分居两地，只有周末才有时间聚聚，平日只能靠电话交流。而且由于工作需要，双方都需要频繁地与各种各样的人接触，经常出入各种场合。这些婚姻生活中的盲区使得夫妻之间的信任指数慢慢降低。

虽然夫妻之间的感情并没有减少，可内心却平添了一丝隐忧：他（她）不在我身边时，都在干什么呢？是不是开始讨厌我了？是不是对别人有好感了？这些不信任对方的想法和举动，常常会闹出不少笑话，产生诸多的矛盾，留下许多遗憾。

有这样一则笑话，让人大笑之余，内心也有所感触。

大勇在外出差，提前回家，在家门口听到有男人打呼噜的声音。大勇落寞地走开，给妻子发了个短信："离婚吧！"然后扔掉手机卡，远走他乡。

3年后，他们在另一个城市再次相遇。妻子问："为何不辞而别？"大勇说了当时的情况。妻子转身离去，淡淡地说："那是瑞星的小狮子。"

其实，夫妻之间最不可缺少的并不是冲动和激情，而是相互信任。即便是看到了什么，或者听到了什么，至少也要给对方一个解释的机会，或许事实并非你所想那样。

夫妻之间的感情必须建立在互相尊重、相互信任的基础上。而猜疑恰恰违背了这些原则，它是夫妻真挚情感的杀手。婚姻中一旦产生了猜疑，误会和

悲剧便会产生。

一个女贼潜入一户家中行窃。突然，女主人回来了，女贼来不及逃走，干脆大大方方地坐在客厅沙发上，来了个反客为主。女贼质问女主人：“你是谁？”看着女主人一脸惊愕，她又大笑着追问道：“哈，我知道了，你是这家男主人的另一个相好吧？”女主人一听，气得火冒三丈，操起东西就追打女贼，赶她滚。

女贼轻松逃脱后，打电话回来奚落女主人说：“我用这招已多次得手了，怪事呀，世上竟然有这么多傻女人不相信自己的丈夫！”这时，女主人才恍然大悟，继而羞愧不已。心想：“是啊，虽然丈夫平日里应酬多，但也没做过出格的事啊，自己怎么就在关键时刻不信任他呢？”

爱一个人不容易，相守一辈子更难。夫妻相处之道，信任为先。既然你选择了他（她）作为你一生的伴侣，就一定要对对方和自己有信心。如果整天提心吊胆、疑神疑鬼的，不仅自己会感觉累，而且也会给对方造成极大的精神压力，影响夫妻感情的稳定。

所以，不要动不动就翻对方的手机，查看对方的通话记录，更不要捕风捉影地问东问西，因为这些行为都会造成夫妻间的隔阂。其实，婚姻并不是靠看管来约束的，而是靠感情和信任维系的。这就好比沙子，当你伸出手，掌心平放时，它会一滴不漏地躺在那里；而当你握紧拳头时，沙子反而会从你的指缝中迅速溜走。同样，你对爱人管得越紧，对方越想逃，你就越抓不住对方的心，而这正好与你的初衷是相悖离的。

家是幸福的港湾，是让人身心放松的栖身之所。营造和谐、幸福的婚姻生活，就需要彼此尊重和信任对方。一对彼此信任的夫妻能够经得起生活中任何灾难的袭击；反之，一个家庭若没有了信任，就好像没有了骨架的楼房，随时面临着坍塌的危险。所以，爱他（她），就信任他（她）吧！相信有了你的信任，他（她）会像风筝一样飞得更高更远，而那根牵绊他（她）的信任之线却紧握在你的手中。

073　尊重彼此的差异，少些不满和困扰

国际知名的家庭治疗师、作家、教育家、心灵导师约翰·贝曼博士认为："很多婚姻之所以出现问题，是婚姻关系中的两个人不能接纳彼此的差异性而导致的。"

这个世界上没有完美的人，除了你自己，不会有人可以完全按照你的意愿生活。有一位婚姻学家说过这样一句话："如果婚姻中的两个人完全相同，那为什么婚姻还需要两个人呢？"是呀，相爱的两个人当初为什么会互相吸引呢？不正是因为双方之间存在的差异性吗？

从心理学上讲，通常越是自己缺乏的东西，它的吸引力或张力就越大，也就是说，要么你会特别想拥有它，要么你会非常排斥它。无论哪一种，对你的影响力都要大于相似性所带来的能量。所以，才会有"同性相斥，异性相吸"的说法。这里的"性"并不单指性别差异，还包括个性、思维方式、行为习惯、教育背景等很多方面。所以，尊重彼此的不同，才能让婚姻生活充满惊喜和快乐。

然而，在现实生活中，很多人都不懂得这一点，总是一次次地犯着相同的错误——不遗余力地改造对方，企图让对方按照自己的意图行事。他们总是按照自己的意愿去塑造心目中的完美丈夫（妻子）的形象，希望丈夫这样，

希望妻子那样，希望对方是一个完美无缺的人，完全不能忍受对方的缺点和不足。正因为陷入了这样的误区，不仅让许多人错失了良机，而且也失去了原本美满的婚姻。

一个未婚男人希望能寻找到一位完美的妻子。于是，他走进了一家婚姻介绍所征婚。当他进入大门后，迎面看见两扇小门。一扇门上写着“美丽的”，另一扇门上写着“不太美丽的”。男人推开了“美丽的”门，迎面又是两扇门，一扇写着“年轻的”，另一扇写着“不太年轻的”。男人推开“年轻”的门，迎面又是两扇门，一扇是“温柔善良的”，另一扇的“不太温柔善良的”。那人推开“温柔善良”的门，又是两扇门，一扇是“有钱的”，另一扇为“不太有钱的”。男人推开“有钱的”门……

这样一路走下去，男人先后推开过“美丽”“年轻”“温柔善良”“有钱”“忠诚”“勤劳”“文化程度高”“身体健康”“有幽默感”九道门。当他推开最后一扇门时，只见门上面写着一行字：“您的追求过于完美，这里没有如此完美的人，请到大街上去寻找吧。”原来，他一路深入已经走出了婚姻介绍所的后门了。

美好的婚姻是令人向往的，但美满的婚姻并不排斥彼此之间存在差异。实际上，真正完美无缺的爱情是不存在的。我们可以拥有不够完美的爱人和婚姻，但并不说明我们的生活就没有爱情和幸福。正如一句西方格言所说的：“一个幸福的婚姻，并非取决于完美佳偶的结合，而是来自于不完美的两方互相乐于彼此之不同。”

婚姻并没有赋予我们改变对方的特权，除非对方心甘情愿。所以，对方身上的许多东西，不管是你喜欢的，还是讨厌的，你都必须照单全收。宽容地接纳，才是经营美好婚姻的智慧。

因此，在幸福的婚姻中，每个人都应该学会尊重对方的趣味与爱好，理解对方的行为和想法。如果你喜欢听古典音乐，而对方喜欢听流行音乐，你不妨换个角度，去试着听听对方所喜欢的流行音乐，或许会有意外的发现和感受呢！同样，如果你希望利用周末的时间去逛逛商场，而对方早就计划好了与几个要好的哥们儿去打篮球，那么，你不必为此生闷气，或者大吵大闹，叫上几个闺蜜，大家有相同的爱好，还能给出更好的建议，岂不是更好？

有人说，夫妻就像构成球体的两个半球，只有合在一起，才能向前滚动；夫妻也如同一把琴上的弦，他们可以在同一旋律中和谐地颤动，但彼此又都是独立的；所以，在婚姻生活中，夫妻两方既要同心同德，也要尊重彼此的独立性，如此才能少些不满和困扰，多些自在和欢乐。

074　抓住幸福，满足幸福婚姻的5种心理需要

有位心理学家说：“寻找幸福比挑选糖果要复杂得多，它更像是中大奖。”任何人都不能保证自己找到的爱人就是与自己最匹配的那个，而我们要做的不是挑剔和等待，而是要学会如何去经营和积累我们的婚姻财富。

那么，从心理学的角度来讲，我们该如何来经营婚姻呢？又需要注意哪些事项呢？美国著名心理学家默里对人类的心理需要进行了归纳，他认为，夫妻和谐必须满足双方的以下5种心理需要。

尊重的需要

每个人都有自尊心，都希望能获得他人的尊重，夫妻间的相处亦是如

此。相互的尊重、依赖是深化感情和事业成功的重要基础，而任何贬低和轻视的言行都会深深地伤害对方的自尊心。

所以，任何关系到婚姻稳定的事情，都应该先征求一下对方的意见，听听对方的想法。这不仅是对另一半的肯定，有助于增进双方的相互理解，而且在解决分歧时，相互尊重会带来友好的氛围，有利于化解敌对的情境。

自主和表现的需要

人人都希望按自己的思想和意志办事，这就是自主的需要，但我们在追求自主的过程中也要照顾别人的自主需要。婚姻中的任何一方都不应该强势地要求对方按自己的意愿行事，而要给对方一定的独立空间和自由。否则，矛盾将不可避免，当双方的不满情绪累积到一定程度时，矛盾就会像火山一样爆发。

每个人都希望将自己最美好、最优秀的一面展现给他人，这是自我表现的需要。不管是妻子还是丈夫，都希望在对方眼里自己是令人满意的。所以，夫妻间常会通过语言或者行为来使对方感到惊奇、欢愉、着迷，进而赞赏自己。因此，当对方试图表现自己，取悦于你时，不要吝啬你的赞美，适当地夸奖几句，这是让夫妻双方都感到愉快的相处方式。

交往的需要

人是社会性的动物，社会是人生活乐趣的源泉。人与人之间通过交往，传递信息，会对人们的心理产生影响，这就是交往的心理功能。对个人来讲，这种交往使得人与人之间的关系纽带得以维护和发展，同时使自身的心理处于正常发展的状态。所以，在婚姻生活中，那种不准爱人与他人交往的做法，不仅不能保证对方对爱情忠贞如一，还会破坏对方的心理平衡，起到相反的作用。

爱好和感情的需要

每个人的爱好都不太一样，如果不是不良嗜好，夫妻双方就不要强加干涉，应尽可能满足对方的心理需求并为对方提供方便。如果做不到，也不要强求，至少要给予对方充分的尊重和理解。

两个相爱的人之所以走到一起，是因为双方都想要获得诚挚、热烈、持久的爱。所以，当步入婚姻后激情被平淡取代时，不要忽略了对方感情上的心理需要，经常向对方表达爱意，通过行动来传递你的关怀，这会让对方在心理上得到极大的满足。否则，失落感便会油然而生，不满、烦恼、怨恨便接踵而至。

宣泄的需要

宣泄是一种常见的心理学现象，是指通过一定的行为或语言等方式，来减缓或释放心理压力的一种方式，也是人本能的一种自我保护反应。

在现实生活里，尤其是竞争激烈的现代社会，每个人感受到的有形的无形的压力都很大。沉重的压力若不能通过恰当的途径宣泄出来，很容易导致人的精神问题。当人心里不痛快，想发宣泄一番时，最理想的宣泄对象自然是与自己最亲近的爱人了。所以，夫妻中的任何一方都不应责备对方心胸狭窄，或嫌对方唠叨烦人。而要主动接受，并进一步劝慰、疏导，排解其内心的痛苦。

以上5种满足婚姻幸福的心理需要，你是否都已做到呢？如果没有，那么，你就要花一些时间去努力尝试，去努力配合对方达成幸福美满婚姻的基本条件，去实现自己用心爱对方的承诺。

075　“七年之痒”不是无法逾越的鸿沟

哲学家认为：婚姻就像泡茶，第一道茶像恋爱，浓烈馥郁；第二道茶像新婚，清新可人；第三道茶则像延续多年的婚姻，平淡如水，只有用心去品味，才能领略其中的真味。

然而，生活中有许多人都没有耐心，他们往往是兴高采烈地喝下第一道茶，怡然自得地端起第二杯茶，却对第三杯茶意兴阑珊。在喝“婚姻”这杯茶时，每对夫妻都要经历这样的感情阶段：热恋—降温—平淡无味。大部分的夫妻矛盾都是在最后一个阶段产生的，而此时正好是婚姻接近第七年的关头，因此就有了“七年之痒”的说法。

美国著名心理学家斯滕伯格，曾提出过著名的爱情三角理论。他认为，爱情可分为三种基本成分：亲密、激情与承诺。由这三个部分构成的三角形面积的大小表示爱情的质和量。三角形的面积越大，爱情就越丰富。如果将这三种成分按照不同的比例结合，会得到七种不同类型的爱情。在这七种爱情中，包含的亲密、激情与承诺三种成分越多，婚姻就会越稳定。反之，就有可能遭遇“婚姻之痒”。

夫妻长时间生活在同一个屋檐下，难免有汤勺碰到碗沿的时候，总会有这样或那样的矛盾和摩擦。那么，为什么“婚姻之痒”到了第七年就会让人受不了呢？美国国家注册音乐治疗师、中国中央音乐学院音乐治疗硕士生导师高天教授对此进行了一番生动的描述。他认为，婚姻就是按照同一个模式循环往复着：女人抱怨—男人辩解—女人生气—男人发火—女人新的抱怨—男人新的辩解……如果婚姻陷入这样的恶性循环状态时，终会走向破裂。假设一个循环周期为一年，到了第七年问题还没有解决，那么，婚姻就会亮起红灯。

我国北京大学的心理学教授侯玉波就“七年之痒”发表了自己的观点。他认为：“婚姻是一种‘社会契约’，婚姻发生问题之所以是在第七年，主要是基于婚姻周期中的关注点。如果按照正常的时间，第七年的时候正好是家庭和事业的成熟阶段。有孩子的家庭步入婚姻的第七年后，孩子也慢慢长大，有了自己独立的能力，夫妻双方有精力来重新审视自己的婚姻。再加上现在社会上的诱惑比较多，夫妻双方都很容易受到别人的影响，导致自己觉得自己的婚姻有问题。”

婚姻虽然有着自身的发展规律，但“七年之痒”并非是一个牢不可破的咒语，也不是一道无法跨越的鸿沟，只要我们用心经营，完全可以跨过这个危险期。那么，我们该怎么做呢？

学会表达爱意

在相恋阶段，我们表达爱意是为了建立和稳固双方的感情，而进入婚姻阶段后，这种表达爱的意识和习惯却容易被人忽略。其实，夫妻之间，尤其是中年夫妻，更需要经常向对方表达爱意，使对方知道你无论身处何时何地，都依然爱着他（她）。表达爱的方式有很多种，一句温馨的话语、一个体贴的动作、一个温暖的拥抱都可以让对方体味到你的关怀和情意。

制造浪漫和惊喜

婚姻围城中的人之所以偶尔会犯“痒”，正是生活过于平淡、乏味所致。所以，如果能经常给爱人制造一些浪漫和惊喜，就可以延长爱情的“保鲜期”。比如说，在阳光灿烂的某天，抛开工作的烦恼，两人一块去爬爬山，或者吃一顿烛光晚餐，去咖啡店喝一杯浓郁的咖啡；在各种纪念日，送爱人一束漂亮的花……这些可以唤起你们恋爱时的美好回忆，还可以为有些沉闷的婚姻生活重新注入生机。

矛盾要及时沟通解决

“冰冻三尺，非一日之寒”，长年累月积聚的矛盾得不到妥善、及时地解决，是导致夫妻“七年之痒”的重要原因。所以，在发生分歧和矛盾时，夫妻要抱着积极、平和的心态，坦诚地交流和沟通，找出问题的症结所在，共同商量解决的办法，尽量将问题消灭在萌芽状态。

如何度过“七年之痒”的方法还有很多，或许每个人心中都有不同的见解。但总结起来就是：婚姻是一个漫长的过程，只有用心去浇灌、去滋润，才能收获幸福的硕果。如果单纯地将它交给时间去检验，那么它很快就会枯萎、凋零。

076　不越雷池，避开婚恋关系中的三大致命伤

关于婚姻，俄国大文豪列夫·托尔斯泰认为：“幸福的家庭都是相似的，不幸的家庭各有各的不幸。”这句话曾被当作不朽的名言，可是现在，却遭到心理学家和社会学家的质疑。美国华盛顿大学的心理学教授约翰·哥特曼持相反的观点，认为：“不幸的家庭其实是彼此相似的，而幸福的家庭才各不相同。”

导致婚恋关系破裂的原因有很多，但普遍存在且比较致命的有3个：不肯妥协和改变、拥有托付心态、不愿分享内心感受。为什么会存在这样的问题，原因都可以归结为个人的心理问题。

不肯妥协和改变

一位女士与丈夫之间的关系十分恶劣，两人几乎没什么交流。只要女士一开口说话，丈夫不是一声不吭就是夺门而出。她十分苦恼，于是，去咨询了心理医生。心理医生仔细地询问了一些两人日常生活中的相处细节，发现原来这位女士不满丈夫的一些小事，总是喋喋不休地抱怨、批评他。于是，心理医生问她：“那你为什么不停止抱怨，试着改变一下说话的方式和态度呢？”这位女士说：“我说的都是对的啊！”

像这位女士这样，凡事总认为“自己是对的”的人，婚姻关系通常不会处理得太好。有这种缺点的人，常常不会顾及对方的感受，也不会想到这样继续下去会对自己和爱人造成什么样的伤害。他们对于别人善意的提醒、劝告和建议完全听不进去，就像一头被蒙住了眼睛和耳朵的野兽一样，看不见也听不到，结果不是让在乎他的人离去，就是让对方也一同陷入痛苦的深渊。

婚姻是需要适度妥协和让步的。世界上没有两个人能够对任何事情都保持一致的看法。一个人如果没有准备好去接受一些与自己不同的看法，是很难与其他人共同生活的。所以，婚姻中的任何一方，都要适当降低对事情处理的标准。就算对方做得确实不好，不符合你的预期，也不应该采取抱怨、指责的消极处理态度。对于非原则性的问题，我们要尽量宽容和理解一下对方。如果对方的言行确实有些过火，则应该坐下来，心平气和地沟通，一起想办法将问题解决。

存在托付心态

“托付心态”在女性身上表现得较男人明显。虽然说现代社会倡导男女平等，女性也可以在各种场合与男人们一较高低，但是，女性们长期受三从四德的思想影响，仍存在不同程度的托付心态，认为自己结了婚，就等于拥有了一张长期的饭票，甚至将自己的终生幸福都寄托在男人身上。其实，这种心态是很危险的，它会对婚姻产生极大的杀伤力。因为，女性一旦有了托付心态，往往会放慢追寻梦想和目标的脚步，忽略自身的成长和提升，当有一天猛然醒悟时，双方的差距已经太大了。

对于男人来讲，虽然赚钱养家、供养妻儿是天经地义、义不容辞的责任，他们大多也愿意肩负这个责任，但是会感觉很辛苦、很无力。在生存竞争如此激烈的社会中，背负着女人们的殷殷期望的男人们，就像背着沉重包袱的行者，艰难缓慢地行走在漫长的人生道路上，很快就会不堪重负，被人甩在后面。

在婚姻中，夫妻双方就像是赶车的两匹马，只有齐头并进、共同努力时，婚姻这驾马车才不会侧翻，两个人的感情才能持久地维系下去。所以，女性应该树立独立自主的意识，与其把幸福和快乐寄托在对方身上，不如用自己的双手去创造。这样不仅会更自信、更快乐，对方也会感觉到轻松和自在。而只有让人时刻感觉到身心愉快，幸福温馨的婚姻才能维持长久。

不愿分享内心感受

在婚姻关系中，有些人习惯遇到事情自己一个人扛着，所有伤心难过自己承受，而不愿意说出来让对方一起分担。这看似是为对方着想，实际上也为和谐的婚姻生活埋下了隐患。夫妻本应该是同甘共苦的，这样做等于阻断了对方想要尽到伴侣责任的途径，扼杀了对方向你提供支持的机会，实际上是对对方的不尊重。而对方出于关心，常常会暗自揣测你的心思，在沟通不畅的情况下，甚至会怀疑你的行为动机，结果无端地生出许多的误解和困扰。

在这个世界上，真正能够与自己同甘苦、共患难，并相守一生的人，就只有爱人了。试想一下，如果连爱人都不能分享或分担你的情绪感受，这个世界上还有谁可以呢？所以，为了不要让对方更担心，也为了婚姻的和谐，主动与对方分享你的感受吧。这样做不仅有助于调节和疏导消极的情绪，还能在彼此的交心中升华感情，何乐而不为呢？

自控力测试11　你会拥有什么样的幸福

两情相悦的爱情才是最幸福的，可实际并不是每个人都有这样的幸运，很多时候爱你的人你不爱，而你爱的人却不爱你。测试一下看，这辈子你能拥有什么样的幸福爱情。

1.你是否很喜欢不断地学习？

A.是（转第2题）　　B.否（转第7题）

2.你是否介意在大庭广众之下与恋人吵架？

A.是（转第4题）　　B.否（转第3题）

3.对于只见过一次面的异性，你是否会和他单独约会？

A.是（转第9题）　　B.否（转第13题）

4.你的记忆非常好，从来没有人质疑，是吗？

A.是（转第5题）　　B.否（转第9题）

5.看见好吃的东西，有时候你很有上前尝一口的冲动吗？

A.是（转第7题）　　B.否（转第6题）

6.给你第一印象非常差的人，最后往往和你会有一段情缘，是吗？

A.是（转第10题）　　B.否（转第12题）

7.你不善于烹饪，但觉得非常有兴趣吗？

A.是（转第12题）　　B.否（转第3题）

8.无论电影如何吸引人，你也懒得上电影院吗？

A.是（转第19题）　　B.否（转第18题）

9.你是否很希望自己以后会有一套属于自己的房子？

A.是（转第14题）　　B.否（转第8题）

10.你会不会为了纯粹的爱而结婚？

A.会（转第12题）　　B.不会（转第11题）

11.你认为“男主外，女主内”的时代已经一去不复返了吗？

A.是（转第15题）　　B.否（转第16题）

12.你是不是害怕寂寞，无法一个人居住？

A.是（转第13题）　　B.否（转第11题）

13.跟心仪的对方第一次约会，你有可能提出采用AA制付钱吗？

A.是（转第8题）　　B.否（转第16题）

14.你自认为很有生活情趣吗？

A.是（转第18题）　　B.否（转第20题）

15.喜欢的他突然要离开你很长一段时间，你会不会觉得有些失落？

A.会（转第16题）　　B.不会（转第17题）

16.你觉得自己不可能永远只爱一个人，是吗？

A.是（转第23题）　　B.否（转第22题）

17.你曾经亲手制作过一些东西送给别人吗？

A.是（转第18题）　　B.否（转第23题）

18.看完的杂志，你会立马扔掉吗？

A.是（转第22题）　　B.否（转第24题）

19.你平时喜欢看一些纪实性书籍吗？

A.是（转第21题）　　B.否（答案E）

20.你是否认为谈恋爱是两个人的事，没有必要告诉别人？

A.是（转第24题）　　B.否（转第25题）

21.你很喜欢在朋友面前炫耀自己的另一半吗?

A.是(转第22题)　　B.否(转第23题)

22.两个人在一起，你认为必须和对方的朋友和睦相处吗?

A.是(转第24题)　　B.否(转第26题)

23.一旦爱上一个人，你是否就会不可自拔?

A.是(转第25题)　　B.否(转第26题)

24.你是否认为女人最重要的是嫁一个好老公?

A.是(答案A)　　B.否(答案B)

25.你是否认为爱情需要苦心经营?

A.是(答案C)　　B.否(答案D)

26.你很希望与各个方面都很不错的男孩在一起吗?

A.是(答案D)　　B.否(答案C)

答案解析：

A.传说中的“一世姻缘”

有情人终成眷属，对方会遵守结婚前的誓言，无论生病痛苦、奔波劳碌，都会陪在你身边。恭喜你，你是一个幸运且幸福的人，珍惜你拥有的幸福吧。

B.心有灵犀的“对望姻缘”

你们虽然互相深爱着对方，但中间总是隔着一定的距离，有些看似无法解决的问题，让你不能以亲密的状态拥有他。其实，你一直拥有自己的爱情，而所爱的人也总是离你不远，也许有一天经过一番争取，你会让这一切雨过天晴。

C.爱恨纠结的“隔世孽缘”

你们俩看似已分手，但总有一些事情将你们牵扯在一起，使本来没机会进行到底的爱情，又有重新开始的机会。你的内心充满纠结和不舍，总在为看不到尽头的爱情挣扎，也许这就是所谓的“孽缘”。

D.空留遗恨的“半生缘”

你们虽然曾深爱过对方，可如今相爱的人或许早已分道扬镳，只留下诸多美好的回忆。虽然你不能拥有你深爱的人一生一世，这让你有些遗憾，但在他的心里，也会永远为你保留着位置。所以，不必再为此暗自伤怀，走出过去的阴影，去寻找属于你的下一段幸福吧。

E.此生只为“了却前缘”

你和他或许前世缘分未尽，今生注定要相遇，相识，相爱。所以，你们的爱情结局会很圆满，不再有任何的悬念。